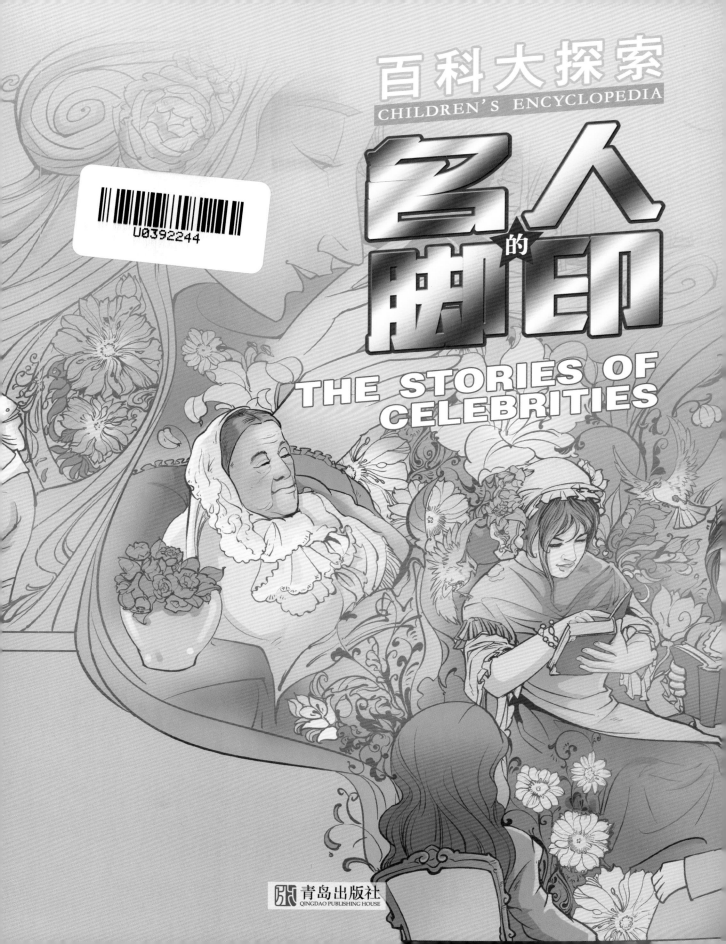

目录
CONTENTS

THE STORIES
OF CELEBRITIES

仔细阅读本章，你就能回答出以下问题……

与卡文迪许交谈的要诀是什么？

瓦特的第一份工作是什么？

居里夫人为研究出镭都经历了什么磨难？

如果霍金能像正常人一样行动，他还能写出《时间简史》吗？

LEONARD

科学牛人

站在科学舞台上的人都是伟大的，可是这些人的伟大却各不相同。这里有人为了振兴贫弱的祖国而学习；有人在生活的细微之处发现科学；有人克服重重困难只为人类的进步；有人则不断挑战生理极限，与时间赛跑，在轮椅上舞蹈。

低调的卡文迪许

如果你有幸走在1760年的伦敦（你没这个幸运，想象一下吧），就会遇到一个有绅士派头但却不修边幅，很有素养但极度害羞的科学家，事实上，他更像是一个隐居者。你能认出他吗？

再看不出来，他可走远了。

他是谁？

"牛人"档案

抱歉，由于卡文迪许先生太过低调，一时找不到他的画像，此处空缺。

姓名： 亨利·卡文迪许（1731年10月10日—1810年3月10日）

国籍： 英国

头衔： 化学家、物理学家

亨利·卡文迪许是个富二代，他是德文郡公爵的孙子，同时也是肯特公爵的外孙。一开始他就被送到著名的贵族学校学习了8年之久，当他18岁时就已经进入了剑桥大学。他非常富有，但这似乎并没有培养他开朗的性格。他母亲去世后，成日忙于社交的父亲根本无暇照顾他，与外界接触越来越少的他因此变得越来越害羞，越来越孤僻，无法与人正常沟通。在他22岁时，因为无法适应剑桥大学的宗教考试，而没能获得学位，独自离开了大学。（学位考试必须要正面回答教授和评委的问题。）

从此之后，他过上了"科学家个体户"的生活。卡文迪许把自家的部分房子进行了改造，一所公馆改为实验室，一处住宅改为公用图书馆，甚至在宅前的草地上竖起一个架子，以便攀上大树去观测星象，他对科学的痴迷简直像着了魔一般。但在社交生活中，他却变得沉默寡言，极力避免与他人接触，更不用说接受采访了。如果有人想要采访他的话，你会了解这样一个卡文迪许。

"牛人"访谈

头衔： ▲最富有的学者，最博学的富翁
▲金牌科学家
▲难得一见、不善言辞的牛人

人物： 亨利·卡文迪许

本次采访的"牛人"是——亨利·卡文迪许，他很"宅"，连仆人都难得一见这个传奇的"隐居者"。他经常穿一件褪了色的天鹅绒大衣，独自沉思。他唯一参加的社会活动就是参加皇家学会俱乐部的两周一次的会议，科学是他所谈论的唯一话题，他对没有研究透彻的东西从不发表意见。而事实上，他不涉猎的事物非常少，他思路开阔，兴趣广泛，上至天文气象，下至地质采矿，抽象的数学，深奥的冶金工艺，都属于他的探讨项目。

他性格独特，连和仆人说话也没有兴趣，只是留下字条说明自己需要什么。据仆人透露，他们常看到的纸条是这样的：

> **与卡文迪许先生交谈的要诀：**
>
> 与卡文迪许先生交谈时，千万不要看他，而要把头仰起，两眼望着天，就像和空气谈话一样，这样才能听到他的一些见解。

卡文迪许先生的卧室极具"设计感"，为了随时能进行科学研究，他把客厅改作实验室，在卧室的床边放着许多观察仪器，以便随时观察天象。

卡文迪许总是穿着过了时的衣服，他瘦高个子，戴着长长的假发，再戴上有卷边的帽子，穿着灰绿色的大衣，颈戴高领。他的装束和个性曾被当时著名的画师亚历山大表现得淋漓尽致。亚历山大所作的那副画像，据说是在卡文迪许吃饭时速写下来的。希望当时，他没把食物的油脂和化学物质的污迹留在那件衣服上。

怪异的卡文迪许

不可否认，卡文迪许是那个年代最有才华而又极其古怪的英国科学家。由于他太过腼腆，几乎到了病态的程度，他和任何人接触都会感到局促不安，以下是几个真实的事件，希望没被当作玩笑。

一路狂奔

一打开门遇见来自维也纳的仰慕者，卡文迪许听着赞扬的话犹如挨了一记闷棍，顺着小路飞奔而逃，身后的门也顾不得关上。

井然有序

卡文迪许喜爱收藏大量图书，分门别类地编上号，管理得井井有条，无论是他人借阅，还是自己阅读，都毫无例外地必须履行登记手续。

尖锐的声音

卡文迪许说话声音很尖，他总是担心别人看到他。凡是他参加的聚会，都要求参与的人必须当他不存在般地交谈，这样也许你才能偶尔得到一个含糊的回答或是听到一声怒气冲冲地让别人离开的尖叫。

卡文迪许的秘密研究

卡文迪许的出名绝不仅仅因为他那孤僻的个性和怪异的着装，而在于他为人类做出的重大贡献。如果你有幸看到他的笔记本的话，你会看到：

亨利·卡文迪许实验室秘密研究

不对外人公开包括仆人

我创造了一种亲自感应电击强度的方式，你需要：

1. 逐步加大在自己身上的电击强度，仔细体会电流逐渐增强的痛苦。
2. 直到手只拿得住羽毛管为止，但有时也会察觉不到自己的知觉。
3. 一切都好，如果你还活着的话。

警告读者，不要里试验以上这种方法使它不会置你于死地会把你电得死去活解一下亨利·卡文迪别的什么也别做。

我发现了一种奇怪的新气体，1781年，我将稀硫酸倒在铁上，这时候出现了一种气体，它很容易燃烧，我认为在酸和铁的反应中，酸中的燃素被释放出来，形成了一种新的燃素——"可燃空气"。

这种气体叫氢气，氢气可以用作火箭的燃料，送火箭上月球。卡文迪许是分离氢的第一人，也是把氢和氧化合成水的第一人。

接下来，卡文迪许做了一系列的科学实验，虽然他所做的一切都脱离不了"古怪"两个字，但他的成就无人抹杀，犹如他的性格一样没法改变，实验成就如下：

▲水是由氧原子和氢原子组成的。

▲宣布地球的重量略超过1300000亿亿磅，用现代的计量单位来说就是6000亿亿吨。而目前对地球重量的最准确估计数是59725亿亿吨，与卡文迪许的测算结果只相差1%左右。

▲卡文迪许的重大贡献之一是1789年完成了测量万有引力的扭秤实验，后世称为"卡文迪许实验"。

▲卡文迪许最后的一项研究，是关于地球平均密度的问题。他提出的数字是5.448克/立方厘米，现在公认的是5.48克/立方厘米，数据相差无几。

由于卡文迪许害羞的天性，他没有告诉任何人他的大多数发现。直到另一位电学大师麦克斯韦发现了卡文迪许的手稿后，才使这些充满了智慧和心血的笔记大白于天下。麦克斯韦这样评价卡文迪许："他是有史以来最伟大的实验物理学家，他几乎预料到了电学上的所有伟大事实。"而事实上，他的确无愧于这些赞誉。

别再表扬了，我都躲到这里了。

名人从小就经历着非同一般的磨难，他们总是能咬紧牙关和命运作斗争，终于成为一名……

啊！

如果你想了解那样的历史，好吧，那请你去图书馆找资料，或是把这一页猛然翻过。因为，接下来，我会告诉你一个别样的名人，他是你在图书馆永远也找不到的另类詹姆斯·瓦特。

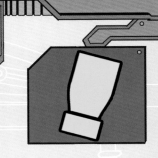

牛！

想象一下你成了名人，你可以出现在电视的任何角落，戴着黑框眼镜避开注意（此方法的功效待定），你要不遮住头部，要不无论下榻哪家酒店，都有许多粉丝围在你的住所外面索要签名。

所以，在历史上没有几个名人能让你真正看明白。当然，你也会从一些老套路上得知他们的部分信息：

詹姆斯·瓦特简历

姓　　名：上面提过

出生年月：1736年1月9日

身体状况：体弱多病，牙疼、头疼……之类的疾病
　　　　　（如果你想请病假请找不同的理由）

爱　　好：制作东西、对蒸汽感兴趣

噢，了不起的茶壶盖

詹姆斯·瓦特的小学时代并不像书上讲的那么辉煌，甚至还有些黑暗。他总是体弱多病，并且行事迟缓，极易焦虑。就在11岁上学那天他还受到了欺负。当他转学进入格里诺克的文法学校后，他变得开心多了，以轻松的心态展现了他极强的数学天赋。他的父亲、祖父和叔父都是机械工匠，这种良好的"工匠"细胞在詹姆斯·瓦特这儿得到了茁壮地成长。他开始摆弄一些东西并低调地"曝光"了属于他超强的制作天赋。即使这样，他还是对蒸汽情有独钟，他总喜欢蹲在火炉旁，看煮沸的水蒸气推动壶盖的样子，揭开壶盖，又盖上又揭开，反反复复。因此他的姨妈训斥过他让他不要玩弄水壶，并且认为他的脑子一定"进水"了。殊不知，这茶壶盖是开启詹姆斯·瓦特事业的钥匙。

再不去沏茶，我打算送你脑袋一块瓦片。

瓦特

詹姆斯·瓦特认为制作科学仪器是份不错的工作，于是在1754年，18岁的詹姆斯选定了他的人生目标，开始从事仪器制作。在这之前，他为这份工作奠定了良好的基础。

少年时代的詹姆斯·瓦特由于家境贫苦、体弱多病，没有毕业就退学了，即使他的数学成绩特别优秀。所以，偏科对你的成长并没有多大益处。

想上学吗？
请养好身体！
想继续上学吗？
光数学好没有用！
不想上学吗？
请参见
詹姆斯·瓦特！

娃儿，你就靠这个吃饭了！

詹姆斯·瓦特在父母的教导下，6岁开始学习几何学，到15岁就学完了《物理学原理》等书籍。即使不在学校，你也可以学到你想学的任何知识。

你看上去心情不好。

是的，我觉得我心情有点儿沉重。

詹姆斯·瓦特常常自己动手修理起重机、滑车和一些航海器械。他不只是对那些机器修修补补，而是努力去理解他们，仔细研究原理。

詹姆斯·瓦特到了更适合发展的伦敦去开展自己的事业，他的远房亲戚陪着他，由于那时候火车还没发明出来，所以旅程非常漫长。部分原因是因为马儿的性格，它们也需要休息和放松。

实际上，詹姆斯·瓦特面临的麻烦远不止这些，在伦敦没有人愿意雇用他，企业主需要的是一些经历很长时间学徒生涯的人，哪怕那些人的脑子不及詹姆斯·瓦特一半的聪慧。最后，詹姆斯·瓦特终于找到了工作——维修机器。实际上，这工作实在不算理想。

詹姆斯·瓦特
劳动合同

劳动时间： 不算太长
（至少给你留了几小时
小憩的时间）

劳动条件： 还行吧
（雇主这么认为）

报　　酬： 雇员要为得到这份宝
贵工作而支付一笔实
习费用

詹姆斯·瓦特不得不拼命工作，凭借着自己的勤奋好学，他很快学会了制造那些难度较高的仪器。但繁重的劳动和艰苦的生活损害了他的健康，直到有一天他病倒了。他回到了苏格兰，在那里詹姆斯·瓦特认识了格拉斯哥大学的教授，并得到了他的垂青。詹姆斯·瓦特在大学里开设了一间小修理店，因为这个小店，詹姆斯·瓦特可以不用再卖命工作了，他终于等到了可以改变他命运的机会。

呀，快出头的维修工

詹姆斯·瓦特的一个朋友带来了一台蒸汽机让他修理，这是一台纽科门蒸汽机（老式蒸汽机）。詹姆斯·瓦特修理它的时候研究了它的工作原理，并且很快设计出改进它的方案。詹姆斯·瓦特不愧是真正的科学家，他发现了老式蒸汽机效率低下的症结所在，并开始自己制造具备分离冷凝器的蒸汽机模型。这些理论看起来很难懂，不过没关系，对于还没立志当科学家的你来说，你只需要知道现在对于詹姆斯·瓦特来说，他正在等待一个有钱人的投资就可以了。要把理论变成实际，需要的不仅是创意还要有雄厚的财力。不过总的来说，这个维修工就快要熬出头了。

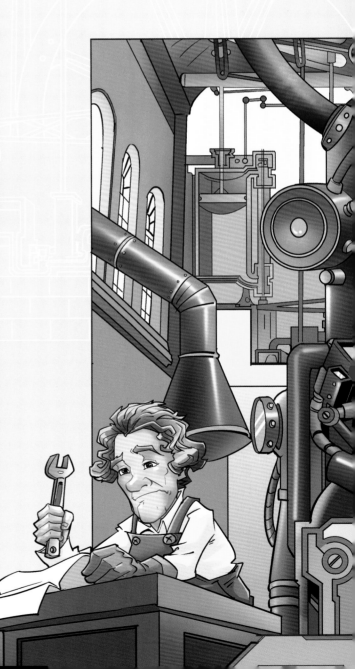

唉，难挨的11年

11年，你该从小学生荣升为很有头脑的青年了。詹姆斯·瓦特等了11年，等到蒸汽机都快生锈了，积满了灰尘，都快发霉了……如果不是他另一个好朋友的帮忙，他可能会一直这样等下去。詹姆斯·瓦特找到了愿意给他投资的商人，他们相见恨晚，一连几天都坐在一起谈论这笔生意。他们进行了严格的工作分工。

分工表		
名　称	职业范围	分红
投资者巴尔顿	给钱、销售、做现场广告、邀请社会名流	商业机密
詹姆斯·瓦特	优秀的脑细胞、非凡的创意、不断地创造、收拾实验用的报废品	同上

哈，终于出头了

詹姆斯·瓦特改造的蒸汽机除了做好蒸汽机应该做的事之外，它只需要老式蒸汽机所使用燃料的三分之一。当社会名流们看到改造后的蒸汽机轰轰地发出响声时兴奋不已，他们频频点头，甚至小声嘀咕。这个大机器已经做到了极端可人的模样，人人都爱它。就这样，投资者和詹姆斯·瓦特合作了几年，订单如雪片般飞来，很快财源滚滚而来。从此詹姆斯·瓦特的名声传遍世界。

詹姆斯·瓦特的发明迅速改变着世界，在他80岁的时候，他还准备改装一艘蒸汽船做一次短程旅行，这就是詹姆斯·瓦特，一个生命不止、改进不断的科学家。

詹姆斯·瓦特 人生的价值

*有效改进老式蒸汽机

*创新了蒸汽机运转的方法

*制造出第一台有实用价值的蒸汽机

作为名人，他还被称为工业革命之父，并且新的功率单位也是以他的名字"瓦特"命名的。

居里夫人

●张智

1867年11月7日，华沙的一位物理老师乌拉狄斯拉夫·斯可罗多夫斯基先生的家里传出了一阵婴儿的啼哭，他们家的第四个女儿出生了。斯可罗多夫斯基为这个可爱的孩子取名为"玛丽"，家里的人都习惯叫她"玛妮雅"，她就是居里夫人。

玛妮雅的爸爸斯可罗多夫斯基出生于波兰的一个小有名气的农村贵族家庭，他不但擅长诗歌创作，而且精通八国语言。他的夫人布洛尼斯娃也出身贵族，在一所女子中学当校长。在这个家庭里，玛妮雅还有三个姐姐，她们是玛妮雅童年的快乐伙伴。

然而在玛妮雅的孩童时期，波兰人已经沦为亡国奴，玛妮雅度过了她艰辛而苦涩的童年，"警察""沙皇"这样的字眼时刻刺激着一个幼小孩子的心灵，空气里弥漫着恐怖的气息，这令玛妮雅变得脆弱而敏感。

6岁的时候，玛妮雅进了私立寄宿学校。玛妮雅本以为可以读自己喜欢的书了，但事实上，她不得不和其他孩子一样读俄国人制定的那些生硬的教材。尽管如此，玛妮雅并没有因此丧失对学习的兴趣，她依然学习刻苦。很快，这个在班级里年龄最小的小家伙成为班里各学科成绩第一的学生。

波兰正处于俄国的统治之下……

督学官要来检查了。

玛妮雅准确无误的回答令督学官非常满意。但是这样的生活令玛妮雅痛苦而无奈，甚至难以忍受，玛妮雅期待着屈辱的日子早日结束。

为了补贴家用，减轻年迈父亲的经济负担，玛妮雅16岁半就开始了家庭教师的艰苦打工生活。无数个寒冷的冬日，玛妮雅穿着单薄的衣服瑟瑟地走在刺骨的北风里，因为她希望能够节省下更多的车费。富家子弟的调皮和任性，家长的傲慢与偏见，都不能摧垮玛妮雅对未来生活的信心，因为她知道，承受苦难远比逃避苦难更令人坚强。只有坚持，才可以多为家里买些青菜和副食，她甚至乐观地期待着，可以在岁末送给姐姐们一些可爱的小礼物，她唯独没有顾及自己的脆弱和单薄。

有志者事竟成

在姐姐和姐夫的帮助下，玛妮雅实现了自己梦寐以求的愿望，那是她曾经遥不可及的大学梦——她被巴黎索尔本大学录取。

当时的索尔本大学处于改建中，虽然尚未竣工的建筑随处可见，但在玛妮雅的眼中，一切都是神圣的。当玛妮雅在教学楼的外墙壁上看到贴着的布告时，她感觉自己是在做梦：

法兰西共和国
理学院——第一学期
1891年11月3日在索尔本开课

索尔本大学理学院正式开课了，玛妮雅作为理学院的一员，总是第一个来到教室，坐在第一排的座位上，她不希望老师的任何一句话从自己的耳边溜走。

大学生活开始了，玛妮雅却遇到了最大的难题，她的法语水平直接影响了她的听课质量，她需要付出更多的精力和时间来学习巩固法语的听力基础。每天课程结束后，她总是以最快的时间回到住处，集中精力攻克语言难题。在那间简陋的小房子里，玛妮雅啃着干面包，喝着凉茶水……时间对于玛妮雅来讲，是再宝贵不过的了。巴黎的冬夜非常寒冷，杯子里的水很快就会结冰，在学习的时候，玛妮雅几乎把所有的衣服都穿在身上，睡觉时甚至把椅子压在被子上，这样可以让她感觉温暖一些。

艰苦的生活，刻苦的学习，使这位年轻的姑娘面色苍白、容颜憔悴。然而，在向科学之巅攀登的玛妮雅，却不知疲倦地拼搏着探索着。在索尔本大学的学位考试中，玛妮雅考了物理学硕士第一名。从此，玛妮雅的研究内容扩充到许多方面。在物理学会的会议席上，玛妮雅结识了优秀的物理学家皮埃尔·居里，并在向科学顶峰的攀登中结成伴侣。从此，玛丽、居里成了两个不可分开的名字。

镭的发现

物理学家亨利·柏克勒尔发现：铀的盐类会发出一种看不见的射线。当时，这种神秘射线的来源对科学家们来说，还是一个无法解决的难题。居里夫妇正是从解决这个难题入手，开始了他们共同的生活和战斗。

他们经过反复地研究和试验，终于从沥青状铀矿里先后发现了放射性元素——"钋"和"镭"。当时，几乎所有的化学家、物理学家对于镭都持观望态度。因此，居里夫妇又给自己提出了一个新的攻坚任务：下决心，从沥青状铀矿中取出"相当"分量的镭，来证明这种"神秘"射线的存在。

没有足够的资金来购买沥青状铀矿做试验，他们就用沥青状铀矿的残渣试验；没有实验室，他们就借用学校的简陋木板房进行实验。在操作过程中要为大量的矿渣加温，要在盛矿渣的容器里搅拌数个小时，小屋里散发出来的刺激性很强的蒸汽令人窒息。居里夫妇正是在这种恶劣的条件下，进行着提取"镭"的艰苦实验，为了更好地完成实验，他们吃在这里，住在这里。

四年时间过去了，居里夫妇历尽了千辛万苦。

在实验期间，他们没有看过电影，没有听过音乐会，甚至没有出去吃过大餐，但在这一年的时间里，居里夫妇竟写出过三篇震撼世界的科学论文。

任何人都不会想到世界上第一克镭竟是居里夫妇从八吨沥青状铀矿的残渣碎屑中，经过整整四年的辛勤劳动才提炼出来的。

居里夫人继续不知疲倦地工作着。1907年，她提炼出纯氯化镭，精确地测定了镭的分子量。1910年，她提炼出纯镭元素，并测出镭的各种性质，还制定出镭计量单位的第一个国际标准。鉴于她做出的这许多杰出的贡献，1911年12月，瑞典科学院诺贝尔奖委员会宣布将本年度的诺贝尔化学奖授予居里夫人，以奖励她发现镭元素的化学性质，推进了化学研究。在这之前，世界上还未曾有一个人能两次获得诺贝尔奖。

永恒的实验

居里夫人对科学的无比热爱，令她从来没有想过退出实验，然而随着年龄的增长以及与放射性元素的长时间接触，她的身体开始出现了问题。

1934年7月4日清晨，居里夫人的心脏停止了跳动。化验证明：导致她死亡的真正杀手是镭。就这样，居里夫人走完了一生的科学探索之路，她一生不追求名利，始终坚持苦行僧式的生活方式，为人类社会做出了卓越的贡献。

在轮椅上舞蹈

霍金

● 逃栀夏嫣

当新年的钟声敲响第12下的时候，你望着窗外簌簌飘落的雪花，安静地回想自己曾经走过的每一寸光阴。时间是不等人的，转瞬即逝的刹那，或许，你就已经变成了另外的一个人。

糖果与"爱因斯坦"

1942年1月8日，伽利略逝世300周年的纪念日。不知是巧合还是天意安排，这一天刚好是你的生日。此时，你的家乡伦敦已经被二战狂轰滥炸得烟雾笼罩，你和妹妹不得不在伦敦附近的小镇辗转度过自己的童年。

你还记得上小学时受到的委屈和侮辱吗？

虽然你是个伟大的科学家，可连你自己都不得不承认你那时的学习能力并不强，很晚才学会阅读。上学后，你在班里的成绩从来没有进过前10名。那时，你对万事万物的运转规律非常感兴趣，能轻易地将新奇的东西拆卸，只是为了弄清楚它们的内部构造。事后，你却无法将它们恢复，你的手脚远不如头脑灵活，甚至连你写的字在班上也是有名的潦草。因你的作业总是"很不整洁"，老师们都说你"无可救药"，同学们也都嘲笑你。

当你12岁时，班里有两个男孩子用一袋糖果打赌，他们说你永远不能成材。同学们还给你起了个绰号叫"爱因斯坦"，这并不是什么好的绰号，它暗含着深刻的讽刺意味。

那时的你是怎样承受这一切的呢？

迷惘与病魔的出现

当你13岁时，发现自己对物理方面的研究产生了浓厚兴趣。虽然中学物理学比较浅显、枯燥，但你认为这是最基础的科学，有望弄清一些事情的本质。你的父亲发现了你在科学方面的天分，为你担任起了数学和物理学的"教练"。你的梦想渐渐地已经有了模糊的轮廓，从此你开始了真正的科学探索。

当你17岁时，考入了牛津大学物理系。和那时的很多青年人一样，你也厌倦了学习。这是由于二战后出现的青年迷惘期所致——他们对一切产生了厌倦情绪，觉得没有任何值得努力追求的东西。你与同学们一起游荡、喝酒、参加赛船俱乐部。若事情一直这样发展下去，你很有可能成为一个普通的职员或教师。

然而，不久之后，病魔出现，你的手脚渐渐变得笨拙，你常常会莫名其妙地跌倒。有一次，你竟然毫无预兆地从楼梯上突然跌下，当即昏迷，差点儿死去。

当你21岁时，已经开始读研究生了，而病魔也疯狂地肆虐起来。你被确诊患上了"卢伽雷氏症"，即运动神经细胞萎缩症，医生说你只剩下两年的时间。在这两年里，你的身体会愈发不听使唤，只有心脏、肺和大脑还能运转，最后连心与肺也会失效。

这对于你无疑是致命的打击，你几乎放弃了一切的学习和研究，觉得自己活不到硕士论文完成那一天了。

此时，一个叫简的温婉女子走入了你的世界。她的体贴给予你温暖的鼓励，帮助你克服了身体与心理上的缺陷。你的世界里渐渐有了明亮的色彩。后来，她成了你的妻，一直守在你的身边默默照顾着你。

28岁时，你提出了"黑洞不黑"的学说，你在学术上声誉日隆，

而对于病魔的扩散，你却束手无策，你已经无法自己走动，轮椅成了你生活中必需的依靠，你将永远离不开它。

大家都以为永远坐进轮椅中的你会意志消沉下去。

为了证明你可以过正常的生活，你常常独自坐着轮椅上街，拒绝他人帮忙。有一次，你坐着轮椅回柏林公寓，途中被小汽车撞倒，左臂骨折，头被划破，缝了13针。但48小时后，你毅然回到办公室投入工作。还有一次，你和友人去乡间别墅，上坡时拐弯过急，轮椅向后翻倒跌进了茂密的灌木丛中……

3 好好地活着

你的生命是艰辛而壮丽的，就像一株傲放于沙漠里的仙人掌。当你释放鲜翠色彩时，仍然能带给周围的人无尽希望。

你的性格原本就是活泼开朗的，就像一个好动的精灵——这听来蛮有趣的。在你已经完全无法移动之后，你坚持用唯一能够活动的手指驱动着轮椅，在去办公室的路上"横冲直撞"；在莫斯科的饭店中，你还建议大家一起来跳舞，你在大厅里转动轮椅的身影确是一大奇景；还有，那次你与查尔斯王子会晤，你不断地旋转着你的轮椅，以此来炫耀自己的异于常人，结果你轧到了查尔斯王子的脚指头。

幸运的是，每次你从轮椅上跌下，都能自己顽强地重新"站起来"。这些事实都足以证明，你是不屈从于命运的强者。

你说，为了你的梦想，你要好好地活着。

当你43岁时，由于严重的肺炎，动了一次穿气管手术，从此你完全失去了语言能力，只能靠电脑和语言合成器帮忙。在这样艰难的情况下，你依然顽强地坚持着，并写出著名的《时间简史》。

你说，哪怕你只能再活一天，也要为你的梦想奋斗到最后一天。

你的努力照亮了你的梦想，可那个温婉的女子却要离开。生活的现实终究要取代爱情的浪漫，你和简的婚姻走到了尽头。你说，你无法给予她想要的爱情与婚姻，只能放她走，她离开了你才能做幸福的女子。

黑洞不黑

　　这一伟大学说来源于一个闪念。在1970年11月的一个夜晚，霍金爬上床后，开始思考黑洞的问题，突然意识到，黑洞应该是有温度的，这样它就会释放辐射，也就是说，黑洞其实并不黑。

　　这一闪念经过三年思考终于形成完整的理论。1973年11月，他正式向世界宣布，黑洞不断地辐射出X光、伽马射线等。这就是有名的"霍金辐射"，而在此之前，人们认为黑洞只吞不吐。

　　从宇宙大爆炸奇点到黑洞辐射机制，霍金对量子宇宙论的发展做出了杰出贡献，并于1988年获得沃尔夫物理奖。

《时间简史》

　　霍金的科普著作。从1988年出版以来一直雄踞畅销书榜，创下畅销书的一个世界纪录。在此书里，他力图以常人能理解的方式来讲解黑洞、宇宙的起源和命运、黑洞和时间旅行等。

　　在此书开头，他说："有人告诉我，我在书中每写一个方程式，都将使销量减半。于是我决定不写什么方程式。不过在书末，我还是写了一个方程式，爱因斯坦的著名方程式$E=mc^2$。我希望此举不致吓跑一半我的潜在读者。"现在看来，是他多虑了。

仔细阅读本章，你就能回答出以下问题：

达·芬奇是个全能选手，你认为他最大的成就是什么？

你觉得冼星海身上最宝贵的品质是什么？

如果用一个词描述贝多芬，你会怎样描述他？

是什么支持安徒生度过了人生中苦难的岁月？

艺术牛人

有人说，艺术是人类的天性，几乎每个人都会写，会画，会唱。科学固然可以让人变牛，那么在天性使然的艺术界如何能够脱颖而出呢？艺术牛人们都有什么不为人知的精彩故事？读完这章，你会知道这些人为何能牛出风格，牛出水平，牛成艺术。

你肯定不知道的 达·芬奇

如果把达·芬奇作为一个名词，放置在这个名词之前的形容词会是：

A.意大利文艺复兴三杰之一，整个欧洲文艺复兴时期最完美的代表。

B.思想深邃、学识渊博、多才多艺术的画家、寓言家、雕塑家、发明家、哲学家、音乐家、医学家、生物学家、地理学家、建筑工程师、军事工程师……（没关系，请别吝赞美之词，他足够优秀）

C.爱好广泛，研究光学、数学、地质学、生物学等多种学科……

答案：A、B、C。

　　别瞠目结舌，也许你认识达·芬奇是从那幅著名的画像——《蒙娜丽莎》开始的，但早在五百年前他就发明了潜艇、滑翔机和坦克……人们一提起他，总是想到的是一位长着满脸胡子的睿智长者，其实，在达·芬奇年轻的时代，他可是意大利佛罗伦萨闻名遐迩的美男子（也许这会有点儿让你难以接受），就像大多数书籍都倾向于描绘达·芬奇的艺术才华，这些倾向性的描绘很可能会让达·芬奇不悦。而现在我就要向你介绍一个你并不知晓的达·芬奇，他的发明天分一点儿也不比他的艺术天分逊色多少。这些和你课本上介绍的历史人物有些不一样，不过没关系，历史本来就是要向你揭示你不知道的那部分。你说是吗？

LEONARDO DA VINCI

中文名：列奥纳多·达·芬奇
出生地：意大利佛罗伦萨芬奇镇
出生日期：1452年4月15日
职业：画家、科学家

不可否认的天才

我并不想给大人物的小时候添加些虚伪的光辉色彩，但是不得不承认，达·芬奇确实是个天才，他的光芒历经时间的磨砺，岁月的侵蚀，依然屹立在那里，他的才华和创作都被记录在史册上，供后人评说。

1452年，他诞生于佛罗伦萨附近的海滨小镇——芬奇镇。孩童时代的达·芬奇聪明伶俐，勤奋好学，兴趣广泛，尤其喜欢绘画。关于达·芬奇画蛋的轶事，你应该早有耳闻，历史课本上都这么写着。正因为他的这个特长，他深得大人们的喜爱。聪明伶俐的孩子总是能得到大人更多的关注。

从一开始，达·芬奇在艺术方面比在科学方面的天赋更早崭露头角。他父亲为了考验他的画技，交给他一幅肖像画的任务。小达·芬奇仅用了一个月的时间，画成了一个骇人的妖怪头像：两眼喷火、鼻孔生烟、口吐毒汁。在他父亲走入他房间前，他事先做了些准备，把窗遮去一半，将画架竖在光线恰好落在画上的地方。当一束光从窗外射进来的时候，他的父亲被逼真的画像吓了个半死。

父亲这下确信儿子的确具有异于常人的绘画天赋，便将14岁的小达·芬奇送往佛罗伦萨，开始系统地学习造型艺术。但达·芬奇并不满足他的这些才干，他要掌握人类思想的各个领域，他开始对科学和工程产生了与艺术同等的兴趣。并且他深受米兰的统治者的青睐，而受到青睐的原因是出于达·芬奇的音乐才能——拨竖琴。所以达·芬奇艺术生涯发展得最顺利的时期是在1482—1499年的米兰。尽管此时的他只是作为一个音乐家而不是画家或者发明家出名的。

> 人多点儿兴趣是没有坏处的。

想法颇多的天才

作一名音乐家并不妨碍达·芬奇从事发明，他极具音乐氛围的平静生活也没有阻止他构思许多令人匪夷所思的"现代科技"。

这些发明并没有被制造出来，即使是有，也极少。这些"发明"多数只停留在图纸上，而在外行人眼中，这些手稿内容复杂难懂如同天书。他习惯采用"镜像书写"，从页面右边开始向左边书写，一些人认为这是为了保护笔记的内容，但这似乎并没有太多的依据。

还有一些人认为这种现象归因于达·芬奇是个左撇子，这样的书写方式更快更方便。谁知道呢？历史上总有一些事情我们是无法找到真正的答案的。

一开始这些创意只是达·芬奇到处遛弯时的想法，他并没有时间考虑到很多细节的问题。但在1480年后，他开始通过解剖动物的尸体来探索物体表面之下的道理。他把创意投向了天空。征服天空，也是在此时诞生的想法，而最郁闷的莫过于那些飞行在天上的鸟类，因为达·芬奇开始对鸟类的飞行原理做长期研究。如果还原当时的情景，他的设计草图旁也许会有这样的注解。

我的想法总是出其不意地冒出来，也许是我在看飞翔的小鸟时，也许我发明一种能飞上天空的机器，可以用上浆亚麻布制成。上面巨大的像一个巨大螺丝钉，但是当它看上去像一个巨大的螺旋体一定转速时，就会把机体带到空中，当达到盘上，拉动丝绳就可以改变飞行方向。

达·芬奇的直升机和他的很多发明一样，是个伟大的想法。他画了许多其他飞行器的草图，那些机器无一例外和他研究的鸟一样有对庞大的翅膀。达·芬奇的设计草图远不止这些，他还绘制了哪些草图？

A.坦克

B.自行车

C.汽车

D.轻负荷提升机

E.淤泥挖取机

F.机器人

答案：全部都是。

相当现代的天才

在达·芬奇完成了他的巨作——《蒙娜丽莎》之后，他又再次投身到分析和发明东西的世界里。

达·芬奇称自己没有受过书本教育（你信吗），大自然才是他真正的老师，为了认识人类自身，达·芬奇亲自解剖了几十具尸体，对人体骨骼、肌肉、关节以及内脏器官进行了精确的了解和绘制。令人惊讶的是，当年的达·芬奇连人体循环系统工作机理的概念都没有。更为神奇的是2005年，一名英国外科医生还利用达·芬奇设计的方法做心脏修复手术。不过，解剖学的研究在当时并没有给达·芬奇带来好的名声，而是带来了无数的诽谤。他们认为这是巫师干的工作。

中断了工作的达·芬奇并没放弃他的追求，他开始在手稿中绘制西方文明世界的第一款人形机器人。

外壳——木头皮革和金属，这样看起来比较体面。

挥动的胳膊——利用齿轮作为驱动装置，这样胳膊就可以挥舞起来。

语言——一旦配备了自动鼓装置后，还能发出声音。

这并不是达·芬奇发明的唯一一个机器人，他还创造了一个能自由漫步的"机器狮"，据说对着机器狮抽上三鞭，狮子的胸部就会绽放出百合花。

达·芬奇的大多数书籍和手稿都没有发表。科学家、史学家丹皮尔这样评论道："如果他当初发表他的著作的话，科学本身一定会一下就跳到一百年以后。"即使这样，旷世奇才达·芬奇为后人留下了充满智慧的财富。他那具有先知灼见的才华和永不满足的探索精神，在之后的几个世纪里，仍然令人叹为观止。

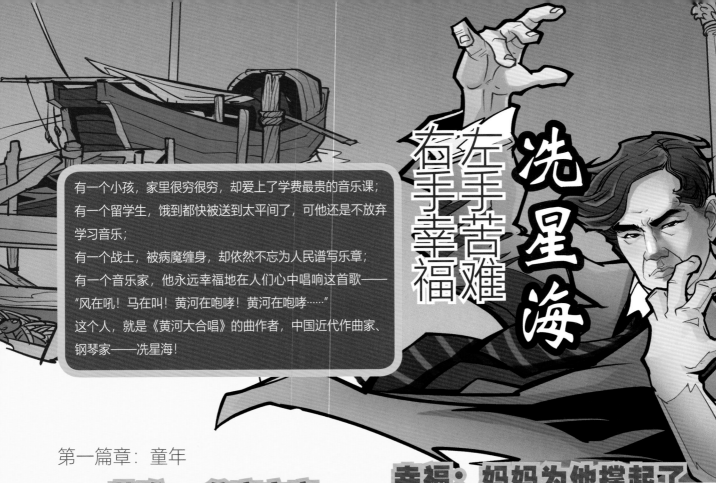

有一个小孩，家里很穷很穷，却爱上了学费最贵的音乐课；

有一个留学生，饿到都快被送到太平间了，可他还是不放弃学习音乐；

有一个战士，被病魔缠身，却依然不忘为人民谱写乐章；

有一个音乐家，他永远幸福地在人们心中唱响这首歌——

"风在吼！马在叫！黄河在咆哮！黄河在咆哮……"

这个人，就是《黄河大合唱》的曲作者，中国近代作曲家、钢琴家——冼星海！

冼星海

左手苦难　右手幸福

第一篇章：童年

苦难：贫穷之家

1905年6月13日，冼星海在一艘停靠在澳门的渔船上诞生了。

小星海命真是苦哟，一生下来就见不到爸爸——爸爸在他出生前半年就去世了。失去了顶梁柱，家里穷极了，妈妈只好把小星海托付给澳门的姥爷抚养。可是，姥爷也只是个穷打鱼的，还奋斗在温饱线上。

时间一天天地过去，小星海6岁了。这一年，姥爷因病永远离开了他。这下，全世界真的就只剩下小星海和妈妈两个人了。为了能够活下去，妈妈带着小星海背井离乡，漂洋过海去新加坡打工。

在那个人生地不熟的国家，妈妈靠着帮别人缝补衣服、浆洗、干杂活赚钱，勉强维持着生计。生活的不容易让小星海深深地尝到了人间的困苦。为了让妈妈不那么辛苦，才13岁的小星海就开始了一边打工一边上学的勤工俭学生涯。

幸福：妈妈为他撑起了梦想的天空

虽然生活很辛苦，但是小星海还是幸福的，因为他有一位爱他的好妈妈。

小星海的妈妈可厉害了，用现在的话说，那就是麦霸。上百首渔歌张口就能唱，而且唱得很好听。妈妈就是小星海的第一位音乐老师。每次唱歌，小星海总是在旁边听，非常享受。到了新加坡后，虽然没有多少钱，但是妈妈还是坚持把7岁的小星海送进了小学。小星海很争气，努力做功课，成绩很好。不过，他最喜欢的还是礼堂里的那架钢琴。只要琴声一响，他就飞奔到礼堂，听同学弹琴不肯离去。音乐老师看他如此入迷，就主动提出教他弹钢琴。

打这以后，每天放学后小星海都去练钢琴。他学会了简单指法，还能弹出几首进行曲。老师和同学都夸他有音乐才能。妈妈也发现了小星海对音乐的热爱。虽然学音乐需要很多钱，但是妈妈还是义无反顾，想尽一

切办法帮助小星海学音乐。

1918年，星海13岁了。他跟着妈妈离开新加坡到广州岭南大学华侨特别班学习。入校不久，星海就加入乐队，当上了学校管乐队的指挥。

第二篇章：求学

苦难：颠沛在艰难的求学路上

1928年，冼星海和妈妈来到上海，进入上海国立音乐学院，主修小提琴，选修钢琴。他下定决心要像贝多芬一样，做真正的音乐家。可是，一个意外打破了他平静的学习生活。

1929年暑假，学院要求每个暑假留校住宿的学生再交8元住宿费。这分明是故意为难外地学生嘛，大家都非常不满。这件事其实跟冼星海没什么关系，他和妈妈住校外，不用交钱。但是正义感不允许他置身事外，他要抗议。

在那个年代，和有权力的人斗争，就是鸡蛋碰石头。收到抗议后，教育局不但不解决问题，反而干脆停办了上海国立音乐学院。这所当时中国唯一的高等音乐学校就莫名其妙地被关闭了。冼星海失学了，音乐梦要破灭了。

但是，冼星海不放弃，国内不行就去国外。1929年，冼星海漂洋过海到世界音乐文化中心法国巴黎学

习音乐。一个人在国外，生活更加艰难。为了凑齐饭钱、学费，冼星海做杂工，当厨师、杂役、烧炭夫，还给人照料小孩，只要能干的活都做。可就是这么拼命，他的生活依然拮据，在塞纳河河畔的梧桐树下几次晕倒，差点儿被法国警察送进太平间。

冼星海的求学路，真不是一般的艰难啊！

幸福：拜名师，学作曲

求学虽难，但是收获很大。在另一位留学生的帮助下，冼星海开始跟着奥别多菲尔老师学习小提琴。

那时候，冼星海有个绰号："宰鸡能手"。就是说他拉小提琴像杀鸡一样难听。为了能拉好小提琴，他每天清晨都要练习。住的小房子屋顶低，他就站在台子上，身子钻到屋顶的天窗外面，在晨辉中拉响提琴。时间久了，他的腮帮都磨出了老茧。

国外的学生哪有这么刻苦呀，奥别多菲尔老师别提有多感动。于是，他把冼星海介绍给几位著名的作曲家学作曲。经过努力，冼星海终于写出了自己的第一批作品。

不久之后，在巴黎音乐学院新作品演奏会上，女高音歌唱家杰尔曼演唱了冼星海的歌，俄国演奏家普罗菲叶夫等演奏了他写的四重奏《风》，轰动了巴黎音乐界。演出校外学生的作品，在巴黎音乐学院还是破天荒的第一次。

第三篇章：为民族创作

苦难：被冷遇，个人音乐作品会泡汤

1935年夏天，冼星海回到了祖国。这时冼星海已经小有名气，有的报社把他称为"一位从艰难困苦里斗争出来的作曲家"，是最有希望的"东方青年作曲家"。

可没想到，回到上海的冼星海，居然连一场个人音乐作品会都办不成。

当时，上海音乐界的大权掌握在外国人手里，他们看不起中国人。冼星海找了几支乐队，都被拒绝。最后，他找到了巴黎音乐学院老师给他介绍的指挥，梅伯器。梅伯器当场答应了他。

几天后，冼星海来到乐队排练厅。起初很顺利，可没过一会儿，乐队里一位曾在上海国立音乐学院的小提琴老师和乐师窃窃私语起来。

"你们外国乐师干吗要围着中国人的指挥棒转？再说……"

"再说什么？"

"他以前还闹过事，被学校赶走了！"

几天后，冼星海的个人音乐会被取消了，他又气愤又失望，他是多么渴望有一天能走上舞台，指挥中国的乐队，演奏中国音乐家的作品啊！

幸福：一往无前，在延安为民族作曲

经历了不公正的待遇，冼星海看透了这一切，发誓再也不幻想当国际音乐家。在老朋友田汉的影响下，冼星海拒绝了国民党的高薪聘请，他要去延安，为革命、为民族解放谱写乐章，为人民大众写出战斗音乐作品！

有许多人劝他不要去，说那里苦极了，没有洗脸水，人人生虱子，黑黝黝的土窑洞根本不能住……冼星海丝毫没有动摇。1935年11月初，他越过重重封锁，奔赴向往已久的革命圣地——延安。

延安的生活虽然艰苦，但他如鱼得水，写曲子的速度真不是一般的快。在田野中、在月光下、在船上、在防空洞里，都能看到冼星海口里衔着大烟斗，不停地写写写！真让人佩服。

1939年2月的一天，冼星海去看望诗人光未然。光未然很高兴，为冼星海朗诵了新写的《黄河大合唱》歌词。冼星海听完，热血沸腾，激动地说："我要把它写成一部代表中华民族伟大气魄的大合唱！"

经过6天的日夜奋战，他的代表作《黄河大合唱》出炉了。

1939年5月11日晚上，《黄河大合唱》要公演了。毛主席也来参加。昂扬奋进的《黄河船夫曲》、豪迈深沉的《黄河颂》……《黄河大合唱》像奔腾的黄河一样，那么壮观，令人振奋。

最后，冼星海带领全场听众和演员一起高唱《保卫黄河》："风在吼，马在叫，黄河在咆哮……"歌声一停，毛主席情不自禁地站起来拍手，连声说："好！好！好！"

第四篇章：生命的意义

苦难：贫病交加·客死异乡

1940年5月，冼星海化名黄训，被派遣到苏联考察学习。正当他打算回国时，苏德战争爆发了，同时新疆有一个军阀也叛乱了，回国的路都被封锁了。无奈之下，冼星海只能辗转在乌兰巴托、哈萨克斯坦等苏联国家。

不久以后更不幸的事情降临了，冼星海得了重病，肺结核、肝肿、腹膜炎、心脏病、血癌，多重病魔缠着他。1945年10月30日，41岁的冼星海还没有来得及回国，就与世长辞了。

幸福：音符永远在人民心中跳动

冼星海的最后5年是在国外度过的。就算病入膏肓，他依然没有放弃创作，忍受着巨大的痛苦，用颤抖的手写成了他一生中最后的作品《中国狂想曲》。在冼星海短暂的40年人生路上，他一共创作了200多首类型不一的歌曲。这些音符，将永远跳动在人民心中！

为了表达对冼星海的怀念，毛泽东也题写了挽词："为人民的音乐家冼星海同志致哀。"

1983年11月，应家属请求，冼星海的骨灰移交中国，在异乡流浪40多年的游子终于"回家"了。

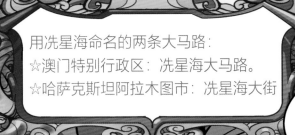

用冼星海命名的两条大马路：
☆澳门特别行政区：冼星海大马路。
☆哈萨克斯坦阿拉木图市：冼星海大街

冼星海的努力精神是不是也打动了你呢？如果你也被打动了，今晚，就把冼星海所有的作品都听一遍！

爱上月光曲 爱上贝多芬

●张智

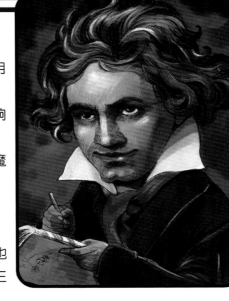

如果你喜欢弹钢琴，那么你对他的《月光曲》和《暴风雨》一定很熟悉吧？

如果你喜欢钢琴曲，那么你对他的交响曲《命运》一定不会陌生吧？

让我们一起牵手走进音乐的世界，寻找跳动音符的魔法……

演奏者：路德维希·凡·贝多芬

请听，世界上最美的乐曲……

路德维希·凡·贝多芬是德国最伟大的音乐家、钢琴家，也是维也纳古典乐派代表人物之一，与海顿、莫扎特一起被后人称为"维也纳三杰"。

他出生于平民家庭，却很早显露出音乐才能；他8岁开始登台演出，却获得巨大成功；他13岁参加宫廷乐队，却走上了风琴师和古钢琴师的道路；他26岁患上耳聋，却在孤寂的生活中坚持继续音乐创作；他生活在封建复辟的年代里，却始终坚持自由、平等和博爱；他为人类留下了无价的音乐宝藏……人们尊称他为"乐圣"。

童年的乐谱

𝄢：向往的铅笔盒

贝多芬，于1770年12月16日诞生于德国波恩。父亲是当地宫廷唱诗班的男高音歌手，一生碌碌无为、嗜酒如命。母亲是一个女仆，心地善良、性情温柔。贝多芬很小的时候，便经常帮助母亲打理家务，在他小小的世界里，妈妈是最疼爱自己的人。但生活的艰辛还是剥夺了贝多芬上学的权利，看着邻家同龄的小伙伴们三五结伴地背着书包去学校，贝多芬常常躲在角

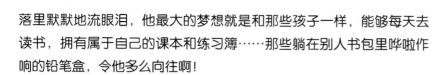

落里默默地流眼泪，他最大的梦想就是和那些孩子一样，能够每天去读书，拥有属于自己的课本和练习簿……那些躺在别人书包里哗啦作响的铅笔盒，令他多么向往啊！

♪：黑白琴键上的日子

贝多芬自幼就表现出了超常的音乐天赋，这使他的父亲产生了要他成为音乐神童的愿望。早在儿子蹒跚学步时，父亲就经常将他抱在膝头，让他用纤细的小手指在钢琴上学弹一些简单的音节。不久，在父亲的督促下，小贝多芬又开始学拉小提琴。

每天，小贝多芬都要和父亲走过半个波恩城，到父亲的酒友家里去，因为这位先生家里有一架音调很准的钢琴。小贝多芬继承了他祖父与父亲两代人的音乐血统，逐渐地爱上了音乐。

尽管小贝多芬还只是5岁的孩子，可是自从他开始学习弹钢琴起，只要是父亲在家，他就一点儿自由也没有了。只要稍微弹错了一点儿，或者累得想打瞌睡的时候，父亲就毫不客气地举起鞭子来，痛打儿子一顿。

每天的练习，并不是一个钟头或两个钟头而已，有时甚至持续一整夜。有时小贝多芬哭着反抗，他想拥有一点儿属于自己的时间，想出去踢球，想去田野里放风筝……

妈妈是小贝多芬童年里最好的玩伴……

艺术之路

贝多芬作曲认真而严谨，经常先写在草稿本上，而后逐句逐段地修改。有的作品要写数年，他还经常同时着手写几首作品。从他留下的大量草稿中，我们可以看到他的作曲方法，每一个灵感都会决定一个新主题，都要经过不断琢磨不断完善，千锤百炼才最后成章。每当他处于创作高潮时，他总是把一盆又一盆的冷水泼到自己头上，好让头脑冷静下来。他常带着草稿本和铅笔到郊外写作，全神贯注，连下雨也感觉不到。

门德尔松曾将贝多芬的一份手稿公之于众。在这张稿纸上，有一处音符改了又改，并在上面贴了十二层小纸片。门德尔松将这些小纸片一一揭开，发现最里面的那个音符（即最初的构想）竟然与最外面的那个音符（第十二次改写的）完全一样。

𝄢：一个真实的故事

♩：没有声音的世界

钢琴声的强度一般在八十分贝至九十分贝之间，人在高于85分贝的声音环境中不能停留超过六小时，否则听力就会受损。由于贝多芬过于热爱练习钢琴，最终导致了耳聋。

对于一个音乐家来说，没有比耳聋更可怕的事了。因而人们可以在他的早期钢琴奏鸣曲的慢板乐章中感受到这种令人心碎的痛苦。当贝多芬面对这个事实的时候，他几乎绝望了。对一个音乐家来说，声音重于一切，它是音乐的开始，也是音乐的终结。他放弃到各王宫去听音乐会的所有机会，他怕人们注意到他的耳聋，怕人们议论一个听不见声音的音乐家，怕自己再也写不出好作品来。然而，贝多芬的许多重要作品都写于耳聋时期。

有时贝多芬坚持指挥自己的作品，这难免要出乱子，甚至因无法进行下去而使演出中断。尽管这样，他仍然以惊人的意志和毅力坚持创作和工作，为欧洲音乐史增添了最光辉的篇章。在音乐表现上，他几乎涉及当时所有的音乐体裁，大大提高了钢琴的表现力，使之获得了交响性的戏剧效果，又使交响曲成为直接反映社会变革的重要音乐形式。贝多芬集古典音乐的大成，同时开辟了浪漫时期音乐的道路，对世界音乐的发展有着举足轻重的作用，为人类留下了无价的音乐宝藏。

♩：命运的休止符

1823年，贝多芬完成了最后一部巨作《第九交响曲》。这部作品创造了他理想中的世界。1826年12月，贝多芬患重感冒，导致肺水肿。1827年3月26日，贝多芬安详地离去了，他的遗体葬于圣麦斯公墓，而他的旁边则安葬着舒伯特。

童话大师——安徒生

●依航

安徒生为蔬菜、玩具和鞋子赋予了爱和生命……

汉斯·克里斯蒂安·安徒生

生卒年：1805—1875

出生地：费恩岛欧登塞

国　籍：丹麦

安徒生，一个用童话征服世界的伟大作家，一个爱讲故事的人，一个富有爱心的人，一个有激情的小说家，一个灵巧的剪纸巨匠……

200多年前，安徒生出生在丹麦的一个穷苦人家。早年受父亲的熏陶，他梦想着有一天能成为作家。他的求学、创作之路历尽坎坷，几次濒临饿死的边缘，但最终，他成为世界上所有孩子喜欢的"童话大王"。

爸爸的画廊

安徒生度过童年时光的那间小屋，是他童年的乐园。小屋墙上挂满了画，每一幅画里都藏着一个美好的故事；书桌的抽屉里也满是印着漂亮图画的玻璃杯和装饰品，不过它们都是有生命的杯

子，会哭会笑会游戏；小厨房橱柜上的搁物架上摆满了各种颜色的盘子和碟子，看上去新鲜而有趣味；爸爸的长桌上方有块隔板，上面放着许多不同类别的书和歌本；门的镶板上刻有一幅风景画。这一切对于爱幻想的安徒生来说都是一个绝好的童话画廊。

安徒生的父亲只是一名普通的鞋匠，但他却是安徒生的文学启蒙老师。他常给安徒生讲《一千零一夜》等古代阿拉伯的故事，有时则给他朗读丹麦喜剧作家荷尔堡的剧本，或者英国莎士比亚的剧本。为了丰富孩子的视野，父母亲鼓励安徒生到街头去看油嘴滑舌的生意人、埋头苦干的手艺人、弯腰曲背的老乞丐、坐着马车横冲直撞的贵族和伪善的市长、牧师等人的生活，以此来获得各种感性的人生体验。

妈妈的花园

安徒生格外偏爱妈妈的"小花园"，那里没有郁金香，也没有红玫瑰，但是那一块小小的土地却成为一个少年最钟爱的乐园。它就安置在安徒生家高高的屋顶上，通过厨房的梯子才可以到达：那只是一个简陋的土箱子，斜放在与邻居家之间隔着的排水沟内。里面种着香葱和西芹，这就是妈妈的小花园。在安徒生的童话《白雪皇后》里，那个花园始终盛开着鲜花……

孤僻的安徒生

因为贫困，安徒生经常被富裕人家的孩子欺负，为此，安徒生只好远远地躲开。即使在学校，他也不参与他们的游戏，只是在屋里坐着。在家里，他有父亲做好的玩具，有拉一下绳子就换页的图画，有拧紧发条就能叫磨坊主跳舞的踏车，有好几套透视图，还有很多逗趣的小玩意儿。而且，他喜欢极有兴致地给布娃娃缝制衣服，或者在院子里偏僻的醋栗灌木丛旁，以扫帚柄和墙做支撑，用妈妈的围裙拉起一顶遮阳挡雨的帐篷。他坐在那儿，凝望着醋栗灌木的叶子一天天生长，从幼小的绿嫩芽儿长到枯黄的大叶子落下来。他实在是有太多的梦想……

剪纸大师

安徒生不但是"童话大王"，还是一个名副其实的"剪纸大师"。他总是随身携带着剪刀，用剪纸取悦大人和孩子们。他经常在林子里和很多孩子围坐在一起，一边讲故事一边剪纸，故事的高潮往往是这样的——他把神秘的剪纸打开，展现出最后的图案。

安徒生剪纸的技术非常熟练。他小时候喜欢听镇上的老人讲故事，这些老人都是丹麦传统文化的传承人，而且当时正是传统文化向近现代文化的转型期，所以安徒生的剪纸语言蕴含着非常深刻的传统文化。

童话人生

当拿破仑大军横扫欧洲的时候，丹麦也卷入了这场战争。安徒生的父亲失业后加入拿破仑军队当了雇佣兵，不久，不幸的事情发生了：父亲病逝。生活的艰难致使母亲不得不改嫁，继父对安徒生冷淡而凶暴。安徒生孤单而忧郁，在他14岁那年，独自一人来到了哥本哈根。他迷上了戏剧，期盼自己也能成为一名出色的演员，然而，寻梦的路途总是艰辛而坎坷的。他只好做木匠、打短工维持生活。可他从未间断写作，他拿着自己写的剧本到处诵读，遭到的却全是耻笑和羞辱。

安徒生没有气馁，在一个又一个寒冷的夜晚，他在跑龙套的舞台上念着台词，白天在客厅和厨房里写作。终于，他把自己的剧本《阿莫索尔》拿到剧院，得到了拉贝克教授的赏识。善良的拉贝克教授把安徒生送到了伦敦的文法学校去学习，经过几年的正规教育，安徒生具备了相当丰厚的学识。他的作品逐渐得到了读者的认可，他很快成了知名作家。

1819年9月6日，星期一早晨，从弗里德里克斯堡山顶，安徒生第一次看到了哥本哈根。他拿着小包裹下了车，徒步走过公园，走过长长的林荫道，从城郊进入了城市。到达的头一天晚上，他兜里的钱还不到一镑，只好到城西门附近一个叫"卫兵客栈"的小旅馆住下来。安徒生出门要找的第一个地方就是剧院。他围着剧院转了好几圈，看着剧院的墙体，把这整栋的

"我特别喜欢灰姑娘这个角色，皇家剧团的演员在欧登塞演过这出戏，我对那个主角着迷了，能凭着记忆把它从头到尾再演一遍。"安徒生把靴子脱了，否则靴子太沉，无法轻灵地跳起来。然后，他拿着那顶大帽子当铃鼓击节伴奏，开始边跳边唱，然而，他最终还是被那位芭蕾明星赶走了。

30岁那年，安徒生的长篇小说《即兴诗人》在欧洲文坛获得了巨大的成功。而正当这颗文学新星冉冉升起的时候，安徒生却做了一个惊人的决定：他打算专门为孩子创作。

安徒生为这个承诺坚持了40年，直到生命结束。他终身未婚，只与童话结为伴侣。他一生共创作了170多篇童话，赢得了世界上所有孩子们的喜爱。丹麦国王授予他骑士勋章，并为他的70大寿举行了生日宴会。就在这个生日过后的第四个月，他在一个杂货铺主的出租房中永远地离开了人间……

建筑当成了尚未打开门的家。他当时怎么可能想到，十年后，他的第一部戏剧会在这里上演。第二天，安徒生穿上那身行坚信礼时的衣服，戴着一顶老是遮住眼睛的帽子出门了。这可是他当时最好的一身行头。

安徒生带着推荐信，去拜访那位芭蕾明星莎尔夫人。按门铃前，他跪下了，祈祷上帝能让自己在这里找到帮助和支持。这时，有个女仆走上楼梯，她和善地朝这个孩子笑笑，往他手里放了一枚铜币，轻快地走了。安徒生很失落，不过他终于站在了芭蕾明星的眼前。莎尔夫人看着眼前的这个脸色苍白的"小伙计"，一副特别吃惊的样子。原来她根本就不认识替安徒生写推荐信的老埃弗森。但是安徒生仍然以自己独特的方式向她真诚表达了想上舞台表演的心愿。

--------我们熟悉的童话--------

《卖火柴的小女孩》

《豌豆上的公主》

《皇帝的新装》

《小意达的花儿》

《丑小鸭》

《树精》

《打火匣》

《一个豆荚儿里的五粒豆》

《拇指姑娘》

仔细阅读本章，你就能回答出以下问题：

说一说，唐僧在你心中是个另类的牛人吗？

你认为朱丹溪如果不当医生还可以从事什么职业？

生于富裕之家的南丁格尔从小就有个什么样的理想？

个性牛人

如果说在科学和艺术领域还需要一些修炼方能成为牛人，那么有些人则是一出生就有成为牛人的资本。他们或者勇敢，或者正义，或者拥有大爱无疆的情怀。这些人天生有个性，长大就爱玩个性。他们在自己的生命中展示着鲜明的自己，终成牛人。

唐僧！另类！

传说我身上布满"死不了"的肉。

我收了几个长得有个性的徒弟。

我举止温文尔雅。

红到底，没道理

唐僧并非有钱人，他不是国王、艺术家或是发明家。事实上，他只是一位僧人。但是有关他的传奇仍是许多影片、书籍的灵感来源，为什么他的名气这么大呢？

电视剧把唐僧描写得面目英俊，身材颀长。当然，有的时候人们总喜欢把历史美化，让历史人物在电视剧上看起来体面些。不过历史可不会粉饰任何东西，如果你觉得这破坏了唐僧在你心目中的印象，那你就别看了。什么？你觉得还不错？那好吧，那我就不阻止你了。

出生证明

中文名：陈祎（音译）
别　名：玄奘
国　籍：中国唐朝
出生日期：602年
未来职业规划：和尚、翻译、旅行家
医生备注：出生于儒学世家的小不点儿，脚力十足，我感觉他极具远足的潜质。

辛酸的往事

玄奘的成功，完全是他哥哥的"怂恿"。贫困的他从小就跟随二哥到洛阳净土寺听讲，他敏锐地意识到自己对佛教的忠诚。其后，他13岁出家，开始云游四方。虽然几次远足给他带来了不少的收获，但是这已无法满足他钻研佛学的渴望，他东西南北地奔波，四处学法，却发现各处对于佛教的解释说法不一。为了寻根究底，他要去追求真正的佛教真理，于是他决定通过"丝绸之路"远足去往印度（佛教的发源地），他要把佛教发源地的佛经带回中国并把它们从梵文（一种古印度语言）译成中文。没想到这十余万里的路花去了他17年的光阴……

小链接

古代"丝绸之路"

丝绸之路是历史上横贯欧亚大陆的贸易交通线，商人们经常通过这条道路进行商业活动，购置或销售一些值钱的商品，最具代表性的则是被称为古老的"丝绸之路"的那条通道，中国昂贵的丝绸正是通过这条道路运送到了欧洲。19世纪后期，德国地理学家李希霍芬就将这条陆上交通路线称为"丝绸之路"，此后中外史学家都赞成此说，并沿用至今。

在那个时候······

千年以前。

那时候的唐僧一定会非常希望有类似飞机这样的交通工具，哪怕买全价机票也没关系。因为他的西行之路路途遥远不说，沿途也并非风景如画。那时的"丝绸之路"根本没有现在这般美好，到处是寸草不生的戈壁、湍急的河谷、面目可憎的土匪强盗······只要稍不留神，唐僧就会命丧河谷或成为强盗刀下的冤魂。

很快，我的麻烦来了。当时还不流行办护照，出国必须征得皇帝的出境许可，而我却偷偷溜出了国。我独自一人，不！随行的还有我的那匹老马，我们一起前往一望无际的大沙漠，我经历了怎样的磨难，我四天五夜，滴水不进，粒米不食······一片荒漠只有一堆堆白骨和驼马粪当路标，其间，时不时地还闪烁着人兽骨骸发出的磷火，这里四处弥漫着阴森可怕的气息。没想到，接下来更倒霉的是，我弄翻了水袋······在茫茫的沙漠里，我昏厥了。

要知道上万个取经人中只有一个人才有望生还，如果我还能平安回来的话，我一定会去买彩票······

当我告诉你这些经历，你还会认为这是一种出风头的举动吗？

微妙的僧商关系

在历史上，佛教与商人的关系是非常微妙和复杂的，这不仅限于中国。首先，佛教基本上是通过商路传播的；其次，佛教徒也非常愿意和商人结伴而行，因为商人往往是以商队方式行进，在长途跋涉中，不但带有较为充足的给养，例如粮食、水、钱财等，还带有一定的自卫武装，佛教徒为了安全有所保障，往往喜欢与商队结伴而行。正基于这些原因，"丝绸之路"成为僧人们寻求佛教真谛的必经之路。

小链接

出尽风头

最终，唐僧到达了印度，他在那儿一住就是十几年，他拜访了各大寺庙的住持，在印度佛教界的最高学府拜师学习。他游历了数十个国家，虚心学习佛教哲学（不得不承认，唐僧的确是个语言天才）。在到达印度的那几年里，他声名远扬，留下了许多轶事：

研究龟兹的风土人情，并对当地人的扁头风潮深感兴趣。（爱研究）

所到之处，开讲之时，前来听讲者手捧香炉并低跪以示虔诚。（有威望）

两年内，学完结集的三十万经论。（记忆好）

在全印度佛旨辩论会上大出风头，千人辩论无人能驳倒唐僧。（口才棒）

义无反顾返回祖国。（爱国之心）

怎么都不太平

公元643年，唐僧带着大量的著作准备返回中国。留学之旅让唐僧受尽皮肉之苦，回程之旅也并不太平。如果当时唐僧能召开新闻发布会的话，有可能会是这样的：

唐僧也返乡

请问唐僧先生，回乡之路你又经历了哪些事情？

印度河的脾气显然没我的平和，一场暴雨差点儿把我乘坐的小船掀个底朝天。我那些收集来的经书和珍贵的种子都掉到河里了。再加上送我的那头重量感十足的大象，时时在后面目露凶光……妈呀！这一路我真是倒霉。

更荒唐的是，我被一群强盗打劫了，他们要我扔进河里当祭品。我只好保持镇定念起经来，说来也奇怪，这时狂风大作，浊浪汹涌。强盗以为我是"非人类"，接着把我放了。念经还是有好处的，至少可以唬住强盗。

唐僧荣归故里，他的行李用了整整20匹马才驮回来。皇帝对他的壮举十分赞赏（显然，皇帝已原谅他先斩后奏地出国了）。皇帝给了他英雄般的欢迎，他也给皇帝汇报了他游历西域的所有经历。

从此以后，唐僧就定居下来，专心翻译带回来的佛经，还著就了《大唐西域记》一书，里面详细记录了他亲自经历的百十个国家和听到过的十八个国家的地理情况和风俗习惯，此书成为重要的历史和地理著作。

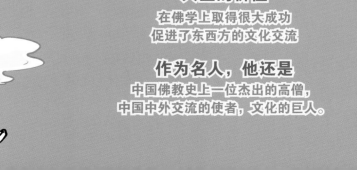

人生的价值
在佛学上取得很大成功
促进了东西方的文化交流

作为名人，他还是
中国佛教史上一位杰出的高僧，
中国中外交流的使者，文化的巨人。

神医朱丹溪 治病惩恶两不误

●严希

听过神医扁鹊、神医华佗、神医喜来乐，这位朱丹溪还真的没听说过呢。不过，我在浩如烟海的历史书堆里找到了一些关于朱丹溪的故事。嘿，还别说，这位先生还真是不一般。

为救母亲 弃文学医

朱丹溪的原名叫朱震亨，大约公元1281年出生在浙江义乌。

话说他出生的那几年，正好是宋末元初。爸爸死得早，是妈妈把他和弟弟拉扯大的。长大后，朱丹溪找了第一份工作——里正。这差事不错，按现在的叫法就是"村官儿"。不用说，朱丹溪绝对是一个为民服务的好村官。他敢于抗拒官府的苛捐杂税，连官府都怕他三分。

有一次，上头要求各村里正收缴包银（元朝廷下令要交的税），朱丹溪只上报了两户人家。郡守责问他："你的地盘就交这么一点儿包银，不想要脑袋了？"丹溪笑答："脑袋咱是一定要的，但是百姓比脑袋更重要。"

朱丹溪就是这么一个正直的人，如果他一直当下去，说不定也会成为一代清官呢。

转眼，朱丹溪到了三十而立的年纪。一家人正向着小康生活前进的时候，老天送上了一个悲剧，妈妈突然病倒了。看着一天天病重的妈妈，朱丹溪深深地感到没有什么比有文化会医术更重要。于是，他毅然辞官，转学医术。

潜心学医 大器晚成

说起学医，朱丹溪还是有点儿底子的。小时候家里人有个头疼脑热，都是他负责采药治疗。

因为要照顾妈妈，朱丹溪不能出门拜师。他一边读医书，一边自己琢磨开药方。这一琢磨，五年过去了，妈妈的病居然奇迹般痊愈了，乡民们无不称奇。

一年后，36岁的朱丹溪到隔壁县城东阳，在朱熹的四传弟子、大学问家许谦门下学习文化知识。这位许谦老师也是个"杯具"，身患重病，瘫在床上十几年。朱丹溪岂能不管？他一边学习，一边试着为许谦开方治疗，居然又给他治好了。许谦对朱丹溪的医术十分赞赏，并建议他去向名医学习。

在许谦的指点下，朱丹溪踏上了拜师之路。他跑遍江浙，愣是没找到一个合适的老师。正当他准备回乡时，偶然得知医学大家罗知悌就隐居在杭州附近山林之中，他赶紧登门拜访。

这罗知悌，世称"太无先生"，医术那绝对是数一数二的高明。不过脾气也是数一数二的古怪，90多岁了，连一个徒弟都没有。

朱丹溪不了解罗知悌的脾气，第一次登门就饱饱地享受了一顿"闭门羹"。但朱丹溪诚心拜师，第二天一早又毕恭毕敬地等候在罗家门口，天黑才离开。起初罗家人劝朱丹溪不要再"瞎子点灯白费蜡"，可朱丹溪一心要拜见罗先生，雷打不动地守在门口。就这样等了三个月，罗知悌终于被感动了，把朱丹溪迎进了屋子。

医术高超，专治疑难杂症

话说朱丹溪拜罗知悌为师以后，因为勤奋好学，加上罗老师理论结合实践的超前教学方法，才过了一年多，朱丹溪的医术就已经和罗老师旗鼓相当了。

一年半后罗老师过世，朱丹溪回义乌行医。他开的药方稀奇古怪，很多人都不明白，甚至不敢相信这药方能够治病救人。但事实证明，朱丹溪就是用这不寻常的医术，治愈了很多疑难杂症。

有一次，金华有个农民患了肺痈，看了很多医生都治不好，就请朱丹溪诊治。

朱丹溪看了之后，对病人说："你的肺部已经溃烂，应先去脓血，然后服药。现在我用银针扎你的肺部，你不要害怕。"接着，他和徒弟磋商一番，叫病人脱去上衣后，手捏一根长长的银针，对准病人肺部，正要刺下去。瞧见这病人泰然自若地坐在那里，丝毫没有反应，朱丹溪赶紧向徒弟使了个眼色。徒弟领命，端起一盆冰水"哗"的一声泼在病人的头上，病人不禁打了个寒噤。

说时迟，那时快，朱丹溪对准病人的肺部一针扎了进去，针一进一出，肺部的脓血直往外淌，不多时，脓血全部排尽。

病愈后，那农民带了礼物向朱丹溪致谢，顺便问起倒冰水的事。

朱丹溪说："因为你这肺痈部位就在心脏的边上，稍不留意，银针刺着心脏，你就没命了。我叫人从你背后突然倒下冷水，让你大吃一惊，心脏就会突然收缩而往上提，趁此机会，我对准你的肺痈部位扎一针，这样绝不会伤着你的心脏，手术也就成功了。"

正义凛然 救人惩恶两不误

朱丹溪虽然改学医术，但当村官那会儿的正义侠气没有改变，有时候还会借着看病的机会惩治一些地方恶霸。

金华城里有个花花公子叫施王孙，仗着当官的父亲欺压百姓。一次，他强娶城西方员外家的女儿方姣仙为媳妇，方姣仙性格刚烈，宁死也不肯拜堂。施家人没办法，只好把她关在一间黑屋里。说也奇怪，独自在新房里住了一夜的施王孙，第二天起来就浑身痒痒，脸也肿了起来。家人以为他得了邪症，马上叫人去义乌请朱丹溪。

到了施家，朱丹溪先对施王孙望闻问切一番，然后又仔细观察了施王孙住过的新房，不一会儿就判断出病因来了。不过，他知道施王孙是地方一霸，有心要治治他。

他装作非常紧张的样子对施母说道："这叫'棺材病'！幸好你请我来治，要是换成其他郎中，恐怕你家小儿就没命喽。"

施母一听，吓死了，忙应道："是是是！要不然朱先生怎么能人称名医呢。小儿的病就全靠你了！"

朱丹溪见状，摇摇扇子，继续说道："要治好这病不用吃药，只要做到两件事就行：一是将没有拜堂的'媳妇'连同嫁妆，一道送还她娘家；二是立即派人上山，砍下16根杉树，做一具棺材。"

"做棺材干什么？儿子还没死呢。"施母有点儿不高兴。

"这就叫'奇病须用奇法治'。你儿子强娶良家女子，是大忌，幸好没有拜堂，所以命还保得住。我保证，他只要在新棺材里躺满三天，病就会好的。不过从今以后，他就不能再欺侮良家女子，否则再犯病，神仙也难救啊！"朱丹溪不紧不慢地答道。

郎中怎么说就怎么做，施家人一一照办。三天后，施王孙的病果真好了。

棺材里躺躺，病怎么就会好了呢？朱丹溪的学生感到很奇怪。朱丹溪笑着说：

"恶人得了病，就该先治恶后治病。施王孙的病叫'漆疗'，是接触新房里的那套新漆的新娘嫁妆引起的。所以，我就让他先把那位女子和嫁妆都送回去，并不准他再欺负女子。教他改恶从善后，我再给他治'漆疗'。其实'漆疗'很容易治好的，只要用新鲜杉树皮煎成的汤来洗洗身子就可以。不过，我安排他睡3天杉木棺材，效果不也差不多吗？"

"师傅高明！"徒弟听了师傅的解释佩服得五体投地。

又有一次，朱丹溪在城门外见一群流氓欺负一个农民。其间流氓趁农民不注意，拿着扁担狠狠地朝农民后背腰脊处打去。只听得农民一声惨叫，顿时脸孔蜡黄，跌倒在地。

朱丹溪立即冲上去，一手接住扁担，顺势朝农民受伤的腰脊踢了一脚，对流氓说："算了算了。"

"呀！朱先生怎么也打起好人来了？"围观的人们很是惊讶。

流氓们见一向爱打抱不平的朱丹溪也没替农民说话，得意极了，丢下扁担，扬长而去。

跌倒在地的农民挨了朱丹溪一脚，很是委屈，站起来大骂朱丹溪。朱丹溪见这农民自己能从地上站起来，微笑道："兄弟莫急。我问你，当你挨了一扁担后，是不是耳朵里发出嗡嗡之声，下肢一阵麻木？"

农民回想："是啊。"

朱丹溪接着说："这是因为你的腰部已经受损移位，如不及时复位，将会引起终身瘫痪。踢了你后，你又觉得怎样？"

"对呀！踢一脚不是能站起了吗？原来这一脚是治伤的。"农民恍然大悟，当下连连赔罪。围观的乡亲也都十分惊叹朱丹溪的医术。

在历尽千辛万苦、救治了无数的病人之后，公元1358年，朱丹溪逝世。在逝世前，他做的最后一件事情是把自己的儿子叫到面前，严肃地对他说："学习医学是一件非常艰苦的事情，你一定要谨慎认真对待！"

朱丹溪不但治病厉害，还擅长动笔写。他写了《局方发挥》《格致余论》《丹溪心法》等十几部著作，开创了丹溪学派，位列"金元四大家"之首。人们尊称他为"丹溪翁"，当地人提起丹溪翁来，都是赞不绝口。

上帝的恩惠
南丁格尔

●贾仁江

不可思议的理想

弗洛伦斯·南丁格尔出生在英国一个富有的贵族家庭，她从小就受过很好的教育，长大以后，成了一个博学多才的人。

但是，她有一个不可思议的理想——当护士。这个理想在170年以前，简直是非常荒唐的。那时候的医院非常肮脏，里面充满了臭味。那时候的护士不像现在这样训练有素、文明礼貌，那时的护士，举止粗俗，经常虐待病人，名声很坏。因此，在医院里当护士，是个丢人的职业。

南丁格尔的理想激怒了她的父母。

他们哭着、骂着劝她说："你的想法太荒唐了，你一个千金小姐，怎么能去做那种低贱的事呢？"

可是南丁格尔已经下定了决心，因为她善良的心不允许她忽视那些生病的人，她觉得去照顾他们，正是上帝给她的使命。

天性善良

南丁格尔从小心地善良。

她们家庄园附近有一片树林，林子里生活着许多小动物。有各种各样的小鸟，还有小松鼠、小刺猬等等。

小南丁格尔很喜欢跟它们交朋友，她常常会跟一只松鼠说话说上好半天。

◆她出生的那一天——1820年5月12日，并没有什么特别。

◆但是，从1912年开始，每年的5月12日却成为一个神圣的节日——国际护士节。在这一天，世界各地都会举行纪念活动，来缅怀她——弗洛伦斯·南丁格尔（Florence Nightingale）。

◆她是近代护理专业的鼻祖。

◆她在英国建立了世界上第一所护士学校。

◆她撰写的《医院笔记》《护理笔记》等书，成为护士们的必读书。

◆在她的影响下，瑞士慈善家吉恩·亨利·敦安创建了国际红十字会。

◆她伟大的人格，是后人取之不尽的精神财富。

有一天，她发现一只死了的小山雀，非常难过，就用一块手帕把它包起来，将它埋好，给它树了一块小小的墓碑，并且写了一首诗追悼它：

可怜的小山雀啊／你为何死去／你头上的皇冠／是那么美丽

但是现在／你却躺在那里／无声无息

随着年龄的增长，南丁格尔开始把自己博大的爱心献给每一个需要她帮助的人。

在她23岁的时候，英国发生了经济危机，很多人失去了家园，只能四处乞讨，有的人就病死或者饿死在街头。南丁格尔看着那些奄奄一息的人们，十分痛心，她不顾家人的反对，拿着药品、食物去接济那些生了病的、快要饿死了的穷人们。

姐姐见她这样，很不高兴，说："南丁格尔，你难道要我们都跟着去死吗？那些又穷又病的人会把病传染给你，而你又会把病传染给我们。求你了，不要理会那些病人了，让我们平平安安地多活几年吧！"

南丁格尔对家里人的反对充耳不闻，她依然拿出食物、药品四处奔波，把健康和温暖带给那些病魔缠身的人。父母终于忍无可忍了，他们联合起来，不准她出门。

提灯女神

南丁格尔的行动受到了限制，但是她的心却是自由的。在被父母关在家里的几年中，她偷偷摸摸地学习，阅读了大量的医学文献，使自己具备了丰富的护理知识。她还设计逃出家门，到大医院里去实习，经过孜孜不倦地努力，她终于成了一位能力卓越的护士。

1851年，南丁格尔离开了父母，去了法兰克福，在一家慈善机构里当起了护士。她任劳任怨，什么脏活累活都干，人们见她这样，根本不敢相信她是一个出生于富裕家庭的贵族小姐。

1854年8月，伦敦郊区贫民窟发生了霍乱病。这种病具有传染性，感染者会在几天内死亡。她不顾个人安危去参加紧急救护工作，到医院护理病人。她给予了病人极大的同情和关怀，不少垂死的人在她的怀抱中得到了精神上的安慰。

　　那时候，英国正与俄国在克里米亚开战，不少人在那里受伤。听说前线医疗条件十分恶劣，伤员死亡率近一半。英国各界都对此忧心忡忡。南丁格尔知道以后，组织了一个护士团义无反顾地奔赴前线，她要去那里护理受伤的士兵。

　　在前线，医疗条件恶劣还是次要的，更令人痛心的是那里的军医，他们因为同行相嫉，不允许南丁格尔的护士团进医院护理伤员。

　　南丁格尔并没有退缩。她要从最小的事情做起，慢慢赢得别人的理解。护士团先是给战士洗脏衣服，三个月下来，为战士洗了三万多件衬衣。然后，南丁格尔自己掏钱，为战士们扩建医院，使原来只能容下2000个伤员的医院可以容下4000人。她们还为医院购买了大量的药品和医疗设备，修建了供水、排水管道等等。

　　护士团的行为终于感化了所有的军医，她们开始被允许去医院护理伤员。南丁格尔创建了护士巡查制度，每天夜里，她都提着风灯，去病房视察。她慈爱的身影让每一个战士都深受感动，大家亲切地称她为"提灯女神"。许多战士看到她印在墙壁上的身影，内心充满了神圣的崇敬之情，他们悄悄支撑起身体，亲吻她印在墙上的影子，然后才满足地睡下去。这种吻，被称为"壁影之吻"。

　　在护士团的努力下，英国伤病员的死亡率下降到2.2%。

　　这个举世瞩目的成就，令整个英国轰动了。从此以后，英国人对护士这个职业刮目相看，护士成了一个受人尊重的职业。

"燃烧自己，照亮别人"

　　为了让更多的病人获得高质量的医学护理，南丁格尔从克里米亚回国以后，创办了世界上第一所正规的护士学校，开始培养护理人才，传播护理知识和先进的管理思想。由于她的努力，护理学在世界各国传播开来，更多的病人直接或间接地从她那里获得了益处。

　　南丁格尔于1910年去世，享年90岁。这位慈爱的女性终生未婚，把一生的精力都奉献给了人类，使那些在疾病中痛苦挣扎的人享受了来自上帝的恩惠。

　　她是英国人民的骄傲，也是世界人民的福音。她是属于英国的，但她更属于世界。

护士工作的对象，不是冷冰冰的石头、木头和纸片，而是具有热血和生命的人类。护士必须具有一颗同情心和一双愿意工作的手。

——南丁格尔

仔细阅读本章，你就能回答出以下问题：

为什么贞德要去参军？

伊丽莎白一世为什么不结婚？

库克船长如何预防了水手们的坏血病？

为什么切·格瓦拉成了受压迫人民的偶像？

LLONARI

英雄
牛人

他们可能生于乱世，他们可能一生动荡，他们曾经被人轻视。也许就在某一个瞬间，这些人可能就会和世界上成千上万的普通人毫无区别，但最终他们却被时代阴差阳错地推上了历史舞台。英雄牛人的一生注定精彩！

圣女贞德

贞德，你凭什么出名

圣女贞德和"剩女"没多大关系，可是，她为什么会成为名人呢？也许你会这么回答——

她是法国的民族英雄。

她做了许多男人没法做到的事。

作为一名一生都没结婚的女性，所以叫"剩女"贞德。

她在火刑柱上被活活烧死！

事实上，贞德只是一个来自不起眼的小村庄的农村女孩，而且并不认得几个字。但就是这个17岁的农村女孩，却在短短几年内成为一名传奇人物。

起初的她并没有什么与众不同的地方，小时候她把大部分的时间都用来祈祷，谁也没想到她最终成为一位改变国家历史进程的重量级人物，在她身上经常会发生许多令人惊奇的事件——

● 17岁面见了王子查理，宣称她带来了上帝的旨意。（不知道当时她有没有被当成精神病候补人员）

● 要求查理给她一支军队去抵抗英军。（查理王子对她的面试相当成功）

● 奇迹般击败世界上最强大的军队——英军，并节节胜利。（查理王子如愿以偿登上王位）

● 被敌军捉住并送给了英国人，被当成女巫烧死。（查理王子在哪儿）

这些故事看上去就像一个神话，喜欢听故事的一定会知道老一套的讲故事的招数：

从前，有一个……其实，贞德也是一个有血有肉、非常真实的姑娘，虽然她的结局一点儿也不像神话。

贞德 个人简介	
中文名	贞德
国籍	法国
出生地	法国奥尔良 （熟悉的地名，也许会让你想到奥尔良烤鸡翅）
职业	军事家、战士
主要成就	一个拯救法国的英雄
名言	为了法兰西，我视死如归！

贞德，不只是个神话

贞德的父亲是一位"有头有脑"的人物，他拥有大约50英亩的土地，并经营着一个农场，同时他也担任了村庄里不太重要的官员职务，负责收集税金并领导着村庄的工作。由于贞德父亲的"重要地位"，贞德小时候过得还算比较舒适。

如果没有战争的话，这里可以称得上是一个适合成长的绝佳地方，但作为属于法国东北部仍忠诚于法国王室的一小块孤立地区来说，村庄遭受了无数次的袭击，任何人也逃不过战争带来的灾难，即使是生活在这个小村庄的贞德也未能幸免。

想要在战乱的土地上生存下去，你除了担心时常会爆发的战争，还要努力喂饱自己的肚子，自给自足。贞德也一样，她必须在农场做些力所能及的事情。正因为如此，贞德始终没有时间上学，当然如果有时间，那些良好的教育机会也只会留给那些家境富裕的贵族，贞德没有资格。如果你很想了解小时候的贞德，那么也许当时的大人们会这么评价她。

贞德成绩单（民意测评）	
语文（法语）	非常棒（法国人帮了她的大忙）
数学	还行吧（否则数不清农场里的羊）
手工	非常棒（一手绝活多亏这动乱贫穷的年代）
地理	还不错（在村庄里从来没迷过路）
娱乐	很多创意（气势逼人，不喜欢认输）

总 评：正如你所见，贞德是个聪明并且极具创意的孩子，有成功的潜能，在畜牧业、在服装设计界、在探险界都将会有她的一席之地，当然她首先要考虑的问题是，走出这个小村庄。

贞德，和上帝对话

贞德13岁便喜欢独处（名人多少都有些怪癖），她经常一个人躲在一处虔诚地祷告，就是这个时候，终于发生了一件改变贞德一生的事情。如果当时贞德写日记的话，肯定会是这样的。

今天发生了一件不可思议的事情，我感觉和上帝对话了。我太惊讶了，我什么话也说不出来，我只是望着远处的一片光发呆。上帝告诉我，我的使命就是重振法国，帮助王子查理成为法国国王，为此，我必须着男装、执利刃，统率军队，冲锋陷阵。

这件与上帝对话的事情当然传得很快，几乎宫廷里的所有人都对这个贞德感到好奇，大家都想看看这个从农村里冒出来的小女孩。就这样，17岁的她面见了王子——查理，宣称她带来了上帝的旨意，要求查理给她一支军队去抵抗英军。双方亲切会谈，就未来如何对抗外敌进行了展望，交谈气氛良好，相当成功。

贞德，奥尔良第一仗

奥尔良离法国巴黎只有60英里，这座大城市在军事上具有至关重要的地位，谁控制了奥尔良，谁就控制了法国的中心。

贞德发誓她绝不让英国肮脏的手指碰到她的祖国，她英勇无畏地带领着手下的士兵浴血奋战，他们希望通过自己的血肉能解放他们可爱的城市。在交战中，贞德被一支箭射中肩膀而被士兵们抬离前线，但她很快把箭拔了出来，带伤重返战场以领导最终的攻势……双方都不怎么相信发生的事情，但他们深信：是贞德带领着法国军队取得了胜利。在奥尔良几乎没有人不认识她，她不能自由地逛街，因为街道旁狂热的民众会拥抱她、亲吻她，弄她一脸的口水，像对超级明星那样对待她。当然，也许贞德喜欢这样，因为她是英雄。

托贞德的福，奥尔良终于从英国人手中解放出来了！贞德真是位神奇的圣女，她说，英军彻底投降可能只是一件花费数小时的事情。昨天的辉煌就像一场梦，当我们醒来时，发现英国人离开了驻扎的堡垒。为奥尔良的新生欢呼吧！为贞德欢呼吧！

贞德，意外的"回报"

贞德挺身而出，将法国从亡国的危险中解救出来。但是，贞德当时并没有得到应有的荣誉。贞德在1430年5月23日的一场小规模战斗中被俘虏了。贞德被绳子捆绑后，押至部落之中。

当时有关俘虏的惯例是，只要俘虏的家人能付出赎金便能将他赎回，但这次抓获方不想这样做，而是把贞德交给了英国人。法国的查理国王也没有努力地进行援救。对于贞德来说，她帮查理登上了王位，而查理却对她坐视不理，这真不得不说是意外的"回报"。

贞德，烈火中永生

英国人抓到了贞德，他们必须组织一场大型审讯，这样才能让贞德的生命结束得更加"合理"和"公平"。所以，由英国当局控制下的宗教裁判决定以异端和女巫罪判处她火刑。人群里有很多人为她流下了眼泪，毕竟她只是一个20岁的女孩子。

最后，贞德的手被绑起来，火被点燃。几分钟后，一切都结束了。

贞德的故事通过书本、电影而闻名于世，作为一位女性，她的传奇激励着许多在困境中挣扎的人们。人们情愿相信，贞德的心并没有被火烧化，而是在烈火中得以永生。

童贞女王
伊丽莎白一世

伊丽莎白一世曾经是母仪天下的英国女王，她终身未嫁，因此被称为"童贞女王"。

伊丽莎白是一位古怪的女人，年轻时美丽动人，年老时穿奇装异服，是舞蹈上的高手，语言类的天才。她是一个矛盾的综合体，既富有同情心又不择手段，既充满人性又会毫不眨眼地砍下对手的脑袋。她向世人证明了——她是英国历史上最明智的国王之一，而且她是一位女性统治者。

如果你耐下性子看完下面的文章，你大概就能明白英国王室的机密历史，顺便看看伊丽莎白的成长史，探寻她是如何铸就了一个伟大的时代。

黑暗阻挡不了我寻找光明的决心

伊丽莎白·都铎生于1533年9月7日。她母亲是安娜·博林，父亲是英王亨利八世。亨利八世脾气暴烈不说，还容易频繁坠入爱河。一生结婚六次的老爸终于在某天把杀戮的刀锋指向了伊丽莎白的母亲。于是，伊丽莎白的人生就这样被改写：伊丽莎白自幼丧母，又摊上一个暴戾的"结婚狂"老爹，生活相当郁闷，因此她变得比一般女孩敏感、成熟和独立。

都铎时代的孩子喜欢"扮大人"，女孩要求穿和她们妈妈相似的衣服，男孩则在他六岁生日那天穿得和他们老爸一样正式。王族的子女在三四岁的时候就会受到特殊的照顾——学习阅读和写作。那时候可没《哈

欢迎进入伊丽莎白时代。

利·波特》可供娱乐，更没吊人胃口的一、二、三季续集。他们学的都是《圣经》和哲学，"相由心生"这句话一点儿也没错，这么枯燥的书籍让伊丽莎白的表情呆板了许多，有人形容伊丽莎白"六岁时就像四十岁的妇人一样严肃"。

伊丽莎白学习非常用功，在她眼中，学习是真正有意义的事情。如果你有幸看到当时的课程表的话，大概会是这样的：

伊丽莎白课程表

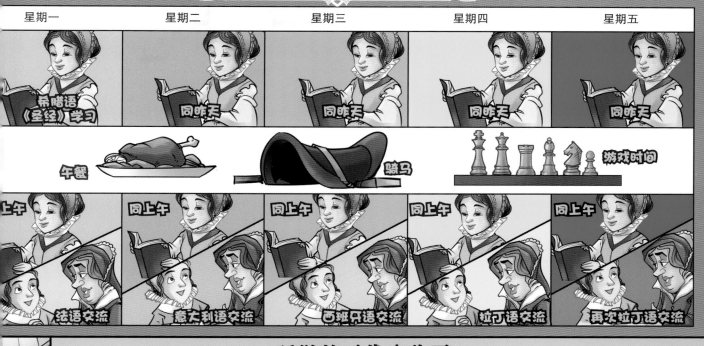

骄傲的时代来临了

1553年，伊丽莎白同父异母的姐姐玛丽一世继位，在其执政的五年间，她疯狂地迫害国教徒，300多名激进的国教徒被推上火刑柱，因而她被称为"血腥玛丽"。 一个人要显示自己的力量，从来不是靠暴力，挑战这一准则的人必然会被历史淘汰，历来如此。玛丽的统治实在不得人心，叛乱不止。1554年，玛丽怀疑伊丽莎白参与谋反，把她关进了伦敦塔。好在深陷囹圄的日子不长，但这一经历却使伊丽莎白的性格变得更加坚强。这些情节我们都似曾相识，没有什么新意，但这更加证实了一个道理——在逆境中更需要智慧和毅力。1558年，"血腥玛丽"终于去见了上帝，英国一片欢腾，25岁的伊丽莎白成为英国的新君主。

一个值得英国人永远骄傲的时代来临了。

善于投资的女王

伊丽莎白生性节俭,对宫廷的开支精打细算,节俭到近乎吝啬。就连她喜爱的舞会也改在大臣的庄园或官邸举行,这让许多大臣叫苦不迭。她以22万英镑的收入支持管理整个国家,简直就是个奇迹。

伊丽莎白账本

收入	支出
王室领地地租	宫廷生活费
海关关税	政府官员工资
消费税	服饰花费
	债务利息
合计:22万英镑	合计:22万英镑

多么神奇的怪物啊!

多么奇怪的猴子啊!

伊丽莎白积极创收,她开始进行投资生意,她将资本投向最冒险的行业——海盗抢掠。伊丽莎白为这些海盗企业提供资金、船只,然后与海盗坐地分赃,这其中最著名的就是海盗德雷克。女王投资的是5万英镑,都用来赞助德雷克的美洲冒险计划,得到的是26万英镑的优厚回报。德雷克返回英国时,带回了马铃薯和烟草等农作物,其中最让人瞠目的是传说中南美洲的神物——骆马。

伊丽莎白与海盗非同寻常的关系为英国取得海上霸权地位奠定了基础,她已把海盗看作是未来海战的军事力量。伊丽莎白正把英国带入一个政治稳定、财力充沛、军事强大的时期,英国迎来了"光荣的时代"——伊丽莎白时代。

海上霸权

1588年西班牙与英国矛盾激化，西班牙的一支由134艘船只组成的"无敌舰队"杀气腾腾地向英国扑来。伊丽莎白迅速组织起由140艘船只组成的舰队，昔日的海盗成为皇家的海军，霍金斯、德雷克、雷利摇身一变成为海军将领。这些人具有丰富的海战经验，加之海盗的亡命精神，使英军战斗力强于对手。为了鼓舞士气，女王亲临部队，向士兵们发表了一番激动人心的演讲……

我知道我只是一个体弱多病的女人，但我决定在激烈的战斗中与你们共存亡。我有一颗国王的心，而且是一颗英国国王的心，我将带领你们与敌人一起决一死战。你们会得到英国国民的尊重，受到王室的褒奖。

这次海战英国取得了辉煌胜利，"无敌舰队"最后只剩下43艘船返回西班牙。这次胜利，不是因为海盗们钢铁般的意志。"无敌舰队"大半毁于风暴，其次才是英国船舰的重创。但从此以后，西班牙海上霸主的地位宣告没落。而英国则在伊丽莎白的带领下踏上了通向海上霸主宝座的台阶。

击败"无敌舰队"后，这位55岁的女王请人为自己画像，以示庆祝。她穿着华美，表情自信高傲。

伊丽莎白的功业后人难以企及，她把自己的一生都奉献给了英国，然而这一切都已成历史。在历史的车轮前，谁又能永葆辉煌，即使是伊丽莎白女王。

一个也不能少，我的珠宝！

库克船长《黑》《黑》~·

——詹姆斯·库克

詹姆斯·库克
（1728—1779）
国籍：英国

往事

詹姆斯·库克的头上顶着无数的光环，其中最耀眼的名誉则是——英国著名的探险家、航海家和制图学家。当然，他的人生经历也并不完全和海洋有关，至少在他12岁之前，他还只是个在食品店打杂的小工。传奇般的人生都是牛人必备的要素，所以不必吃惊，你现在要做的就一件事——继续往下看！

库克生于英格兰，他的老爸在农场干活。他老爸的老板很仗义，帮库克支付上学的费用。在库克12岁的时候，他从事着他的人生中的第一个职业——马倌。在不久之后，他又转行在一家杂货店当店员，当他正为与水果和蔬菜"交往"感到焦头烂额时，他进入了惠特比船主的一家公司当学徒，从此开始了真正的海上旅行生涯。

1756年，英国与法国等国的七年战争爆发后，库克进入了皇家海军，首次越过大西洋，赶到美洲，并在战役中显示出其非凡的才干。不久，英国海军便授予库克上尉军衔。库克还利用业余时间自学数学和测量。真牛！就在人人都觉得他是个杰出的水手并且极有当头儿的天赋时，1768年8月他开始了远征南太平洋的探险航行。

历史倒带

西方探险高潮迭起的时期正是库克成长的年代。1767年发现了塔希提岛的沃利斯探险队宣称，他们曾在太平洋上的落日余晖中遇到过南边大陆的群山。英国政府对沃利斯探险队的这一发现表示了极大的兴趣，为了赶在别国之前抢先发现和占领这块大陆，扩大英帝国的版图，英国政府选派库克出海远航，寻找这块带有神奇色彩的南方大陆。

如果我能顺利归来，我也会被称为光荣的"海归"。

第一次远航（1768—1771）

临行前，海军部曾给他指示，要他观察金星凌日，这对于计算从地球到太阳间的距离至关重要，同时这一数据还对航海的精确度提供了重要的依据。当然这只是一个官方的任务书，而当你打开一封密封文件后，你会发现一张神秘的信封，里面藏有由英国政府签发的几项绝密的文件……好吧，如果你接着往右看，你有可能和库克船长同时了解到密函里写的什么内容。嘘，别急……

虽然库克乘坐的远航船是艘使用过 4 年的运煤船，外形陈旧，装备也不令人满意，但他满腔的热血早已战胜了困境，他对这次远航充满了信心。

千难万险的旅程必不可少，航船终于到达了塔希提岛。1769年的 6 月，这里阳光强烈，万里晴空，马塔维海湾水平如镜，这正是进行科学勘测的黄金时节。这天，天空中出现了极为难得的金星凌日（这种天文现象每100年才出现两次），整个探险队都沸腾起来……岸上一群英国科学家正簇拥着两台临时天文望远镜进行天文观测，宇宙是如此奇妙……但那封绝密文件一直让库克忧心忡忡。

已经没有时间了，航船再次起航，向南驶去，一直向南，向南……但南方大陆依然踪影全无。

海上天气开始变坏了，狂风大作，巨浪滔天，航行十分

困难。为了绘制好这一地区的海岸线图，库克不管风浪如何险恶，仍然向南探索。他坚持按自己测量的数据来绘制每一寸的海岸线。渐渐地，地图上的新西兰外形越来越不像是一片大陆，而更像是一个弯刀状的岛屿……这真是一个漫长而繁杂的工程。

次年 6 月，灾难终于降临了。航船撞上了珊瑚礁。他们被迫在河口对航船进行大修，却意外地发现这里长满了奇花异草，他们采集了许多标本，也发现了许多珍奇动物。

在这次航海中，库克及他的队友给世界地图增加了8000多千米的海岸线，这个成绩是辉煌的。

绝密文件

收信人：詹姆斯·库克

绝密内容：

在沃利斯上校最近发现的一块土地以南，极有可能存在另一块大陆……你应该一直向南航行到南纬40° 以找到这块大陆……如在此次航行中未能发现该大陆，你应继续向西搜索。

英国政府签发

第二次远航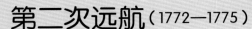（1772—1775）

　　为了再次确认南方大陆的存在，库克决定再次出航。他带了两艘崭新的船只再次去寻找南极大陆，这真是一次惊心动魄的探险。

　　这是一场浩劫不断的厄运之旅，天气变得异常寒冷，漂浮的冰山时常成为阻挡前行的"拦路虎"。在浓重的雾中，冰山时隐时现，船只很有可能被撞沉。当出行的两艘船失去联系后，库克彻底绝望了。他认为南极大陆不可能存在，即使存在也没有人能到达那里。库克很沮丧地在日记中这么写道：

库克日记

　　这里全是冰山，其中一些冰山方圆有3.2千米，高1.8米，当船队驶进南极海域110千米左右时，由于冰块的阻碍，我不得不放弃对这一地区的搜索。

　　这里绝不是度假的首选，食品已经用尽，船员也感染上坏血病。我决定离开这寒冷且危险的水域。当下，我更应该好好静下心，写一篇关于坏血病的著作。

历史倒带

　　库克证明在远程航海中，水手们并非注定就是坏血病的牺牲品。库克在长期的远航实践中，总结出了通过改善船员的饮食——包括增加水果和蔬菜等方法，来预防由于长期航行缺乏维生素C等营养而出现的坏血病。他让船员狼吞虎咽啃食腌制的大白菜，以增加维生素C。还好这不是你学校的晚餐，否则，你可就惨了！

第三次远航（1776—1779）

第三次航行，库克去搜寻传说中的向西通往亚洲的西北航道。所谓西北航道，就是指北大西洋和太平洋之间的神秘航道，它同所谓的南方大陆一样，长期以来一直也是个未解之谜。

航行一开始就进行得顺利而又舒适，虽然这次依然枯燥，但库克发现了一个田园诗般的度假之地——夏威夷群岛。

库克被夏威夷人误以为是神灵，他们受到了夏威夷人的狂热欢迎。夏威夷人把红布披在库克胸前，把椰子汁涂满了他的全身，并在他的周围载歌载舞，他们受到了顶礼膜拜。同时，夏威夷人还把大量的猪肉和蔬菜送给了探险队，但神灵也会有令人感到厌烦的时候，特别是当一位船员去世之后，库克不死神灵的假象瞬间破灭。夏威夷人为了安抚自己信仰遭到的沉重打击，决定驱逐他们。1779年2月14日，库克在一次激烈的冲突中被刺中身亡。他的神话就此终结。

后人是这么评价牛人的

*地理学家认为库克是他所处时代最勇敢的海员。

*库克爱记笔记的习惯非常好，他为人们提供了大量的精准真实的航海信息。

*他如先行者般的远航，到达了数千平方千米的海域，打开了世界之窗。

*库克的航海实践，大大丰富了人们的海洋地理知识，同时也加深了人们对海洋和发生在海洋中的多种自然现象的认识。

……（仍在收集中）

CHE GUEV

自由戰士
切·格瓦拉

你可能没听过
"切·格瓦拉"这个名字，
但你一定见过他的头像。
明信片、打火机、T恤衫，
世界的每个角落都能
看到他……

他，是解放古巴的领袖之一。

他，一往无前，百折不挠，和强大的帝国主义战斗。

他，是自由战士，为拉丁美洲受压迫的人民洒尽最后一滴血。

他，有浓厚的中国情结。

1967年10月9日，他走了，却好似永生，全世界都怀念他，不分种族，不分党派。

他就是切·格瓦拉。

魅力指数：★★★★★

怀念指数：★★★★★

回溯·童年

★ 不向命运低头的哮喘男孩

你别看格瓦拉一头乱发，胡子拉碴，他可是地地道道的贵族。

1928年6月14日，格瓦拉出生在阿根廷的一个名门望族。家族的荣耀没有给格瓦拉带来幸运，2岁时，格瓦拉得了很严重的哮喘病。

但是，格瓦拉是不轻易向命运低头的。

少年格瓦拉爱上了最激烈的美式足球。这可不得了，哮喘病人最不能碰的就是这种激烈运动，弄不好还会闹出人命。但是，格瓦拉不怕。他把药往裤兜里一揣就上场了。

意外发生了。一次比赛中，格瓦拉的哮喘病发作了，药却不知道掉哪了，这几乎要了格瓦拉的命。可是，格瓦拉根本不把这事放在心上，身体刚恢复，又冲进球场照踢不误。

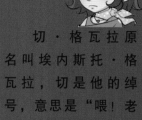

★ 愿与穷人交朋友的好学生

在阿根廷，贵族就是上等人。什么是上等人呢？就是有钱、有地位、不跟平民百姓一块玩儿的那类人。格瓦拉才不管什么上等人、下等人呢，他的眼中，只有朋友。他还会邀请那些穷朋友去家里做客呢。

●严希

受到姨父姨母的影响，小格瓦拉爱看马克思列宁的著作，并且从中了解到了共产主义。

蜕变·新生

★ 蜕变：用心灵旅行拉丁美洲

1951年12月29日，考上医学院的格瓦拉与好友骑上老爷摩托车，计划沿着安第斯山脉穿越整个南美洲。

尽管旅行充满快乐，但是一路看到的贫困、落后的景象，使格瓦拉开始真正了解拉丁美洲的贫穷与苦难，他越来越感到沉重的悲哀。

"我的皮鞋沾染上了真正的尘土。"这是格瓦拉在日记里写的话。当结束旅行回到阿根廷时，他又写道："写下这些日记的人，在重新踏上阿根廷的土地时，就已经死去。我，已经不再是我。"

1953年，格瓦拉再次漫游拉丁美洲。在危地马拉，他遇到政府压迫共产党人，这更坚定了他的共产主义信仰，他认为只有共产主义才能解决拉美的种种困难。

切·格瓦拉原名叫埃内斯托·格瓦拉，切是他的绰号，意思是"喂！老兄！"他的战友都叫他"切"。

★ 新生：遇见战友，弃医从戎

1953年，格瓦拉大学毕业，他成了一名医生。

1955年7月8日，格瓦拉在墨西哥遇见了改变他一生命运的人——卡斯特罗。

卡斯特罗是古巴的革命者，年轻、聪明、自信，而且胆略超人。第一次见面，两人就有说不完的话，促膝长谈了10个小时，直到清晨。谈话结束，27岁的医生格瓦拉变成了军医格瓦拉。

战斗·为了自由

★ 七支步枪起家

1956年11月，格瓦拉跟随卡斯特罗等81个古巴知识分子，搭乘一艘小破船"格拉玛号"向古巴进军。哦，不，准确地说，应该是悄悄进军。

那是一次非常危险的行动。"格拉玛号"是艘又破又小的游艇，只能坐25人，却挤下了格瓦拉和卡斯特罗等共82个人。我的乖乖，82个人啊，可怜的"格拉玛"号差点就招架不住翻了船。

好不容易抵达古巴，可还没来得及上岸，子弹就"嗖嗖"地向他们呼啸而来。可恶的古巴独裁者巴蒂斯塔早就得到消息，派大部队伏击他们来了。这是一次惨烈的登陆，革命者的枪声都没有打响，就牺牲了六七十人，只有十几人逃过了枪杀。格瓦拉和卡斯特罗就是其中的幸运者。

幸免于难的格瓦拉和卡斯特罗没有放弃，召集了一批学生知识分子，进入了古巴东部的麦斯特拉山区开始了与政府的游击战。在战斗中，具备超人的勇气及毅力、战斗技巧出色的格瓦拉很快成为卡斯特罗最得力和信赖的助手。

1959年1月，他们推翻了巴蒂斯塔政府。卡斯特罗成为古巴新的领导者，格瓦拉被授予"古巴公民"的身份，成为古巴的二号领导人。

这一年，格瓦拉31岁。

★ 不当领袖，去丛林打游击

新政府成立后，格瓦拉当过监狱长、银行行长，也当过工业部长，他恪守职责，为人民服务，受到人民的爱戴。

可是，1965年4月1日，格瓦拉突然放弃了古巴军衔和国籍。他决定去"世界的另一些地方"继续进行反对帝国主义的斗争。抛弃古巴优越且安宁的城市生活，再次进入毒蛇蚊虫出没的南美丛林，对患哮喘病的格瓦拉是很不利的，但是为了理想他义无反顾。

离开古巴，格瓦拉先后在刚果和玻利维亚展开了游击战斗。虽然山区生活艰苦，虽然跟随他战斗的人少之又少，虽然装备精良的政府军不停地对他进行追剿，使他屡次陷入绝境，但他依然毫不动摇。

★ 为了自由永生

1967年10月8日下午1时，在玻利维亚的丛林里战斗的格瓦拉不幸腿部中弹，玻利维亚政府士兵的枪口对准了他。

格瓦拉镇静地说了句："我是切·格瓦拉"。

玻利维亚武装部队司令亲自审讯他。格瓦拉早已将生死置之度外，拒绝回答任何问题。

审讯一无所获。最后，审讯者问："你现在在想什么？"

格瓦拉坚定地回答："我在想，革命是永垂不朽的。"

玻利维亚的总统达仑多斯害怕格瓦拉强大的号召力，下令立刻处死他。10月9日下午4时许，即他被俘后24小时后，格瓦拉被害，身中9枪。

这一年，他39岁。

追忆·生活点滴

★ 为人民无私奉献

格瓦拉把自己的一切都献给了受压迫的世界人民。

身为领导人的他，像战士一样站岗；像农民一样砍甘蔗，一砍就是一个月；像矿工一样赤着膊、穿着短裤、光着脚在井下视察工作；他还亲自为麻风病人治疗，并且从不戴手套……

他公私分明，自己的孩子生了急病，也绝不许开自己的公车送医院。在物资困难的情况下，政府发给每个高级领导人一张特殊供应卡，格瓦拉马上退回，宁愿同普通百姓一样排队买东西。

格瓦拉语录

☆我想，革命是不朽的。
☆让我们面对现实，让我们忠于理想。
☆哪里有贫困，哪里就有我！
☆请听听人民的声音吧！
☆我怎能在别人的苦难面前转过脸去？

"世界糖罐"古巴，是美洲中部的一个群岛国家，曾经是西班牙的殖民地，所以现在的官方语言仍然是西班牙语。

40年来，切·格瓦拉的影子从来没有离开过这个世界。在每年10月8日这一天，总有人来到寂静的伊格拉村，为英雄点燃一支守夜的蜡烛，献上一束朴素的鲜花。

★ 见到毛主席很激动

在解放古巴的斗争中，格瓦拉阅读了毛主席的文章，深受启发并且身体力行。革命胜利后，格瓦拉成为《时代》杂志的封面人物，被誉为古巴起义军中"最强劲的游击司令和游击大师"。但是他一再谦虚地说："毛泽东是游击战大师，我只是个小学生。"

此后，格瓦拉又读了不少毛主席的著作，挂在他嘴上的一句话是："不到长城非好汉。"

1960年11月17日，他的愿望实现了。格瓦拉率领古巴经济代表团来到中国，并向周总理提出了一个最恳切的要求——一定要见到毛主席。

11月19日下午，毛泽东、周恩来在中南海勤政殿与格瓦拉会面。见到了仰慕已久的毛泽东，格瓦拉紧张得竟连一句话也没说出来。

★ 不喜欢拍照

虽然格瓦拉的形象无处不在。但格瓦拉其实不喜欢被拍照，从不允许摄影记者跟随他出访。格瓦拉甚至朝摄影师厉声喊道："好了，够了，别再拍我了，我不是关键人物。"所以，摄影师们通常只有搞突然袭击才能拍到格瓦拉。

图书在版编目（CIP）数据

名人的脚印 / 少儿期刊中心科普编辑部编.
-- 青岛:青岛出版社, 2016.1
ISBN 978-7-5552-3423-4

Ⅰ.①名… Ⅱ.①少… Ⅲ.①名人 – 生平事迹 – 世界
Ⅳ.①K811

中国版本图书馆CIP数据核字(2016)第018195号

书　　　名　名人的脚印
编　　　者　少儿期刊中心科普编辑部
出 版 发 行　青岛出版社
社　　　址　青岛市海尔路182号（266061）
本 社 网 址　http://www.qdpub.com
邮 购 电 话　0532 – 68068738
策　　　划　连建军　黄东明
责 任 编 辑　宋华丽
装 帧 设 计　王　珺
印　　　刷　青岛国彩印刷有限公司
出 版 日 期　2018年4月第1版　2019年5月第2次印刷
开　　　本　16开（850mm×1092mm）
印　　　张　4.5
字　　　数　60千
书　　　号　ISBN 978-7-5552-3423-4
定　　　价　25.80元

编校质量、盗版监督服务电话　400—653—2017　　(0532)68068638